绿色食品
原料标准化生产基地建设典范

中国绿色食品发展中心 编

中国农业科学技术出版社

图书在版编目（CIP）数据

绿色食品原料标准化生产基地建设典范 / 中国绿色食品发展中心编. -- 北京：中国农业科学技术出版社，2025.4.
ISBN 978-7-5116-7391-6

Ⅰ．TS202.1-65

中国国家版本馆CIP数据核字第2025NG9188号

责任编辑	史咏竹
责任校对	马广洋
责任印制	姜义伟　王思文

出 版 者	中国农业科学技术出版社
	北京市中关村南大街12号　　邮编：100081
电　　话	（010）82105169（编辑室）（010）82106624（发行部）
	（010）82109709（读者服务部）
网　　址	https://castp.caas.cn
经 销 者	各地新华书店
印 刷 者	北京科信印刷有限公司
开　　本	185 mm×260 mm　1/16
印　　张	21.5
字　　数	458千字
版　　次	2025年4月第1版　2025年4月第1次印刷
定　　价	128.00元

————版权所有·侵权必究————

《绿色食品原料标准化生产基地建设典范》编写人员

总 主 编：刁新育
副总主编：唐　泓
主　　编：穆建华　赵　辉
副 主 编：张会影　李天佑　徐淑波　陈　曦
主要编写人员：张晓红　徐继东　章颖逸　谭小平　周先竹
　　　　　　　相　洋　梁增灵　曾晓勇　于培杰　陈　亮
　　　　　　　郭荣华　代天飞　高世杰　熊晓晖　张海彬
　　　　　　　云岩春　黄艳玲　王　珏　邓小松　孙　辉
　　　　　　　李　刚　李　倩　李　露　李学琼　刘培源
　　　　　　　刘　健　刘　娟　刘新桃　刘丽辉　汤宇青
　　　　　　　许大伟　许正祥　任晓慧　玛依拉　陈艳芬
　　　　　　　杨　旭　杨　冬　杨远通　杜志明　杭祥荣
　　　　　　　郭　鹏　郭碧瑜　胡冠华　胡晓欣　秦文龙
　　　　　　　董博钊　董宇辰　蓝怀勇　管　立　戴润芳

CONTENTS 目 录

河北省

多管齐下强基地　绿色发展促振兴 / 围场满族蒙古族自治县人民政府 …………………… 2

绿色"金豌豆"助力乡村产业振兴 / 张北县人民政府 …………………………………… 4

重创新　抓产业　树品牌　推进绿色食品原料（马铃薯）标准化生产基地高质量发展 /
张北县人民政府 ……………………………………………………………………………… 6

山西省

打绿色牌　走特色路　推进黄花产业高质量发展 / 大同市云州区人民政府 …………… 10

标准化生产　主粮化推进　做大做强马铃薯产业　带动农民增收致富 / 岚县人民政府 …… 12

内蒙古自治区

突出四个坚持　高质量发展绿色食品原料（小麦）标准化生产基地 / 五原县人民政府 …… 16

擦亮金字招牌　赋能乡村振兴 / 喀喇沁旗人民政府 ……………………………………… 18

全面推进绿色食品原料标准化生产基地建设促进优质高效粮食生产 / 乌审旗人民政府 …… 20

全面推进绿色食品原料（油菜）标准化生产基地建设　提质增量严标准　示范引领共发展 /
内蒙古自治区海拉尔农牧场管理局 ………………………………………………………… 22

齐抓共管　巩固绿色食品原料（红干椒）标准化生产基地创建成果 / 开鲁县人民政府 …… 24

全力打造　用心守护　擦亮全国绿色食品原料（水稻）标准化生产基地"金字招牌" /
科尔沁右翼前旗人民政府 …………………………………………………………………… 26

兴安农垦全面建设全产业链小麦标准化生产基地 / 兴安盟农垦事业发展中心 ………… 28

辽宁省

提质量　稳总量　优结构　推进绿色食品原料（玉米）标准化生产基地高质量发展 /
　朝阳县人民政府 ·· 32

创新发展绿色优质农产品　创建谷子标准化生产基地 / 建平县人民政府 ············· 34

齐抓共管　巩固绿色食品原料（花生）标准化生产基地创建成果 / 彰武县人民政府 ······ 36

吉林省

创新机制　明确目标　强化技术支撑　推进绿色食品原料（水稻）标准化生产基地高质量建设 /
　大安市人民政府 ·· 40

齐抓共管　巩固全国绿色食品原料（水稻）标准化生产基地创建成果 / 辉南县人民政府 ······ 42

强化服务管理　助推绿色发展 / 舒兰市人民政府 ······································ 44

提质增效　巩固绿色食品原料（水稻）标准化生产基地创建成果 / 永吉县人民政府 ········· 46

黑龙江省

小木耳　大产业　推进全国绿色食品原料（黑木耳）标准化生产基地高质量发展 /
　东宁市人民政府 ·· 50

依托资源禀赋优势　加快发展现代绿色农业 / 富锦市人民政府 ························· 52

提质量　稳总量　优结构　推动绿色食品原料（水稻）标准化生产基地高质量发展 /
　富裕县人民政府 ·· 54

发展规模化标准化品牌化"大基地"　助推农业增产农民增收农村增效 /
　甘南县人民政府 ·· 56

建好"大基地"　创优"大产业"　助力现代农业高质量发展 / 海伦市人民政府 ········· 58

解析绿色食品原料优势　塑造标准化生产典范 / 桦川县人民政府 ······················· 60

提质量　稳总量　优结构　拓宽紫苏产业通道　加快绿色食品产业崛起 /
　黑龙江省桦南林业局有限公司 ·· 62

护生态　重科技　强产业　推进绿色食品原料标准化生产基地高质量发展 /
　集贤县人民政府 ·· 64

全力打造绿色食品原料（水稻）标准化生产基地　促进农业高质量发展/
　　佳木斯市郊区人民政府 ··· 66

立足优势　狠抓落实　全面推进绿色食品原料标准化生产基地建设/龙江县人民政府 ····· 68

调结构　强产业　促增收　推进绿色食品原料标准化生产基地高质量发展/
　　宁安市人民政府 ··· 70

生态优先　绿色发展　打造高标准绿色食品原料（水稻）标准化生产基地/
　　铁力市人民政府 ··· 72

强化质量监管　确保基地持续健康发展/通河县人民政府 ··································· 74

强化领导　科学管理　全力推进绿色食品原料（大豆）标准化生产基地高质量发展/
　　望奎县人民政府 ··· 76

明机制　强支撑　优环境　拓销路　打造绿色食品原料标准化生产基地"生态县"样板/
　　逊克县人民政府 ··· 78

严格遵循"七大管理体系"　高标准建设绿色食品原料（水稻）标准化生产基地/
　　肇源县人民政府 ··· 80

北大荒集团

强化监管防风险　产农结合双丰收　推进绿色食品原料（大豆）标准化生产基地高质量发展/
　　北大荒集团黑龙江五九七农场有限公司 ··· 84

规范化建设　标准化生产　全面推进绿色食品原料标准化生产基地高质量发展/
　　北大荒集团黑龙江八五七农场有限公司 ··· 86

提产量　强品质　优布局　促进绿色食品原料（水稻）标准化生产基地可持续发展/
　　北大荒集团黑龙江八五八农场有限公司 ··· 88

强品质　突优势　调结构　高效发展绿色食品原料（水稻）标准化生产基地/
　　北大荒集团黑龙江胜利农场有限公司 ··· 90

上海市

强化绿色食品原料（水稻）标准化生产基地的示范引导　联合品牌建设驱动产业提质增效/
　　上海市崇明区人民政府 ··· 94

江苏省

龙头引领建基地　绿色产业促振兴 / 涟水县人民政府 ……………………………… 98

走绿色路　打优质牌　全力打造绿色食品原料（水稻）标准化生产基地 /
　　溧水区人民政府 ……………………………………………………………………… 100

提水平　引技术　促产业　扎实推进绿色食品原料（稻油）标准化生产基地稳步发展 /
　　吴江区人民政府 ……………………………………………………………………… 102

打好品牌建设"生态牌"　走好绿色发展"共富路" / 金坛区人民政府 ………… 104

建设绿色食品原料（稻麦）标准化生产基地　推动农业高质量发展 /
　　江苏省农垦农业发展股份有限公司东辛分公司 ……………………………………… 106

持续巩固基地创建成果　深入推进绿色食品原料标准化生产基地高质量发展 /
　　建湖县人民政府 ……………………………………………………………………… 108

做好四篇文章　大力推进绿色食品原料标准化生产基地高质量发展 / 昆山市人民政府 …… 110

提质效　创特色　助力绿色食品原料（莲藕）标准化生产基地高质量发展 /
　　宝应县人民政府 ……………………………………………………………………… 112

打响"邳州白蒜"品牌　推进三产融合发展　全力构筑蒜乡富民增收平台 /
　　邳州市人民政府 ……………………………………………………………………… 114

提质量　稳总量　优结构　推进绿色食品原料标准化生产基地高质量发展 /
　　江苏省农垦农业发展股份有限公司临海分公司 ……………………………………… 116

浙江省

抓实"三个一"　全面推进绿色食品原料（茶叶）标准化生产基地建设 /
　　安吉县人民政府 ……………………………………………………………………… 120

绿色引领　系统谋划　深入推进绿色食品原料（茶叶）标准化生产基地建设 /
　　松阳县人民政府 ……………………………………………………………………… 122

创机制　建标准　严监管　全方位推进绿色食品原料（杨梅）标准化生产基地建设 /
　　仙居县人民政府 ……………………………………………………………………… 124

宁波市（计划单列市）

齐抓共管　巩固绿色食品原料（雷笋）标准化生产成果 / 奉化区人民政府 …… 128

安徽省

推进绿色食品基地建设　擦亮"世界梨都"金字招牌 / 砀山县人民政府 ········· 132

扎实推进绿色食品原料（辣椒）标准化生产基地建设 / 和县人民政府 ········· 134

发展绿色生态茶产业　助推乡村振兴 / 金寨县人民政府 ········· 136

提质量　稳总量　优结构　推进绿色食品原料标准化生产基地高质量发展 /
　　安徽省农垦集团龙亢农场有限公司 ········· 138

强建设　严管理　推动绿色食品原料（山核桃）标准化生产基地品牌化发展 /
　　宁国市人民政府 ········· 140

提质量　稳总量　优结构　推进绿色食品原料标准化生产基地高质量发展 /
　　安徽省农垦集团潘村湖农场有限公司 ········· 142

秉持绿色与健康发展理念　推进绿色食品原料（大豆）标准化生产基地可持续发展 /
　　淮南市潘集区人民政府 ········· 144

"桐"向发力　巩固成果　为绿色发展赋能 / 桐城市人民政府 ········· 146

重科技　严标准　提质量　推进绿色食品原料（水稻）标准化生产基地高质量发展 /
　　南陵县人民政府 ········· 148

福建省

"十个强化"推动全国绿色食品原料（茶叶）标准化生产基地高质量发展 /
　　漳平市人民政府 ········· 152

强化绿色食品原料（茶叶）标准化生产基地建设　发展绿色健康茶产业 /
　　福安市人民政府 ········· 154

引导果农绿色种植　促进乡村振兴 / 平和县人民政府 ········· 156

扎实推进绿色食品原料（水稻）标准化生产基地建设　着力打造"浦城大米"区域公用品牌 /
　　浦城县人民政府 ········· 158

强标准　提品质　促营销　践行绿色发展理念 / 顺昌县人民政府 ········· 160

保质量　促提升　推动绿色食品原料（云霄枇杷）标准化生产基地高水平发展 /
　　云霄县人民政府 ········· 162

绿色食品原料标准化生产基地建设典范

江西省

推动按标生产　实行智慧监管　加强品牌建设　助推绿色食品原料（南丰蜜桔）标准化生产基地高质量发展 / 南丰县人民政府 ········· 166

提质增效拓产业　推进绿色食品原料（白莲）标准化生产基地高质量发展 / 石城县人民政府 ········· 168

多措并举　高标准建设全国绿色食品原料（茶叶）标准化生产基地 / 遂川县人民政府 ··· 170

全产业链推进全国绿色食品原料（脐橙）标准化生产基地高质量发展 / 信丰县人民政府 ········· 172

齐抓共管　巩固全国绿色食品原料（水稻）标准化生产基地建设成果 / 修水县人民政府 ········· 174

高标准建设水稻基地　高质量发展粮食产业 / 宜丰县人民政府 ········· 176

以科技创新推进全国绿色食品原料（辣椒、扁萝卜、芹菜）标准化基地高质量发展 / 永丰县人民政府 ········· 178

山东省

提质量　稳总量　优结构　推进绿色食品原料（西瓜）标准化生产基地高质量发展 / 东明县人民政府 ········· 182

稳扎稳打　稳固全国绿色食品（大蒜）标准化生产基地创建成果 / 金乡县人民政府 ········· 184

高标准建设绿色食品原料（小麦、玉米）标准化生产基地　助推现代化农业强县建设 / 齐河县人民政府 ········· 186

全"力"以赴发展特色产业　推动绿色食品原料（马铃薯）标准化基地高效发展 / 滕州市人民政府 ········· 188

标准引领　绿色先行　推进绿色食品原料（苹果）标准化生产基地高质量发展 / 烟台市蓬莱区人民政府 ········· 190

河南省

新发展　新格局　全国绿色食品原料（小麦、花生）标准化生产基地建设的兰考实践 / 兰考县人民政府 ········· 194

优结构　提品质　塑品牌　推进绿色食品原料（苹果）标准化生产基地高质量发展 /
　　灵宝市人民政府 ·· 196

提质量　稳总量　优结构　推进绿色食品原料（小麦、玉米、高粱）标准化生产基地
　　高质量发展 / 鹿邑县人民政府 ··· 198

立足山区优势　做好特色产业　巩固绿色食品原料（玉米）标准化生产基地建设成果 /
　　栾川县人民政府 ·· 200

强特色　增绿色　推进绿色食品原料（花生）（辣椒、小麦）标准化生产基地高质量发展 /
　　内黄县人民政府 ·· 202

强标准　重品牌　科技赋能打造绿色食品原料（大蒜、玉米）标准化生产基地三链同构新业态 /
　　杞县人民政府 ·· 204

抓绿色　争创新　强品牌　推动汝阳红薯产业高质量发展 / 汝阳县人民政府 ··········· 206

舞钢市厚植生态农业底色　高质量创建当好"领头雁" / 舞钢市人民政府 ················ 208

加强绿色标准化基地建设　推进延津农业高质量发展 / 延津县人民政府 ················· 210

湖北省

打好巩固创建"组合拳"　谱写"金色名片"新篇章 / 汉川市人民政府 ··············· 214

强管理　细措施　推动绿色食品原料（藤茶）标准化生产基地跨越式发展 /
　　来凤县人民政府 ·· 216

持之以恒巩固全国绿色食品原料（茶叶）标准化生产基地创建成果 / 利川市人民政府 ····· 218

培优壮强绿色柑橘产业　纵深推进绿色食品原料标准化生产基地建设 /
　　秭归县人民政府 ·· 220

湖南省

地域瑰宝　绿满山川　绿色食品原料（茶叶）标准化生产基地的田园诗篇 /
　　安化县人民政府 ·· 224

协同推进　深化全国绿色食品原料（柑桔）标准化生产基地改革成效 /
　　洪江市人民政府 ·· 226

 绿色食品原料标准化生产基地建设典范

擦亮"金字招牌" 推进绿色食品原料（双低油菜）标准化生产基地高质量发展 /
　　华容县人民政府 ………………………………………………………………… 228

锚定稻米优势产业 建设全国绿色食品原料（水稻）标准化生产基地 / 澧县人民政府 …… 230

增产增收 提质扩面 促进现代农业持续发展 / 平江县人民政府 …………………… 232

合理布局 多元共管 推进绿色食品原料（油茶）标准化生产基地高质量发展 /
　　祁阳市人民政府 ………………………………………………………………… 234

齐抓共管 巩固全国绿色食品原料（柑橘）标准化生产基地创建成果 /
　　石门县人民政府 ………………………………………………………………… 236

四强化 推进全国绿色食品原料（湘南脐橙）标准化生产基地高质量发展 /
　　宜章县人民政府 ………………………………………………………………… 238

创建绿色食品基地 做强做优莓茶产业 / 张家界市永定区人民政府 ……………… 240

广东省

全国绿色食品原料（大埔蜜柚）标准化生产基地建设成效 / 大埔县人民政府 ……… 244

齐抓共管 巩固全国绿色食品原料（水稻）标准化生产基地创建成果 /
　　罗定市人民政府 ………………………………………………………………… 246

广西壮族自治区

多措并举 大力推进全国绿色食品原料（月柿）标准化生产基地高质量发展 /
　　恭城瑶族自治县人民政府 ……………………………………………………… 250

重庆市

齐抓共管 巩固全国绿色食品原料（脐橙）标准化生产基地创建成果 /
　　奉节县人民政府 ………………………………………………………………… 254

强化"七大管理体系"建设 推进绿色食品原料标准化生产基地高质量建设 /
　　涪陵区全国绿色食品原料（青菜头）标准化生产基地办公室 …………………… 256

四川省

走品牌发展之路 倾力打造高质量绿色食品原料（杂柑）标准化生产基地 /
　　丹棱县人民政府 ………………………………………………………………… 260

夯实全国绿色食品原料（蔬菜）标准化生产基地创建成果 / 眉山市东坡区人民政府 ……… 262

坚持创新发展理念　巩固建设全国绿色食品原料（脐橙）标准化生产基地 /
　邻水县人民政府 …………………………………………………………………… 264

多措并举　质效同升　促进绿色食品原料（茶叶）标准化生产基地高质量发展 /
　旺苍县人民政府 …………………………………………………………………… 266

抓基础　稳规模　提质量　促进全国绿色食品原料（茶叶）标准化生产基地全链条发展 /
　平武县人民政府 …………………………………………………………………… 268

齐抓共管　巩固全国绿色食品原料（水稻）标准化生产基地创建成果 /
　仪陇县人民政府 …………………………………………………………………… 270

仁寿县全国绿色食品原料（枇杷）标准化生产基地建设成效 / 仁寿县人民政府 ……… 272

推动绿色食品原料（黄果柑）标准化生产基地高质量发展 / 石棉县人民政府 ……… 274

坚持"四轮齐驱"　提升全国绿色食品原料（玉米）标准化生产基地建设水平 /
　遂宁市船山区人民政府 …………………………………………………………… 276

社会化服务助力茶叶基地质量提升 / 雅安市名山区人民政府 ……………………… 278

多措并举　持续推进绿色食品原料（茶叶）标准化生产基地高质量发展 /
　雅安市雨城区人民政府 …………………………………………………………… 280

安岳县全国绿色食品原料（柠檬）标准化生产基地建设成效 / 安岳县人民政府 ……… 282

贵州省

齐抓共管　巩固全国绿色食品原料（薏苡）标准化生产基地创建成果 / 兴仁市人民政府 ……… 286

从田间到餐桌　修文县猕猴桃标准化生产重塑绿色产业链 / 修文县人民政府 ……… 288

云南省

创基地　树品牌　助力云茶产业高质量发展 / 凤庆县人民政府 …………………… 292

注重环境保护　强化科技支撑　联农带农促增收　因地制宜发展新质生产力 /
　石林彝族自治县人民政府 ………………………………………………………… 294

陕西省

实施"二三四五"工程　打造猕猴桃绿色食品发展新高地 / 眉县人民政府 ……… 298

绿色食品原料标准化生产基地建设典范

甘肃省

标准引领　品牌赋能　全力推进绿色食品原料（枸杞）标准化生产基地高质量发展 /
　　瓜州县人民政府 ·· 302

全力打造绿色食品原料（苹果）标准化生产基地　助推产业高质量发展 / 静宁县人民政府　304

三措并举　聚力打造绿色食品原料（冬小麦）标准化生产示范"高地" /
　　灵台县人民政府 ·· 306

强基赋能　提质增效　推进绿色食品原料（荷兰豆）标准化生产基地高质量发展 /
　　天祝藏族自治县人民政府 ·· 308

青海省

强管理　抓落实　固成效　奋力推动绿色食品原料（白菜型小油菜）标准化生产基地
改革创新 / 青海浩门欣源农业有限公司 ·· 312

多措发力　助推全国绿色食品原料（马铃薯）标准化生产基地高质量迈进 /
　　西宁市湟中区人民政府 ··· 314

调结构　转升级　提效益　全面推进绿色食品原料（燕麦）标准化生产基地稳步发展 /
　　海东市平安区人民政府 ··· 316

宁夏回族自治区

坚持"四薯"并进　推动马铃薯产业绿色高质量发展 / 西吉县人民政府 ·················· 320

多管齐下　全力推进全国绿色食品原料（油用亚麻）标准化生产基地高质量发展 /
　　固原市原州区人民政府 ··· 322

中宁枸杞"红果满园"　绿色生产引领产业高质量发展 / 中宁县人民政府 ··············· 324

新疆维吾尔自治区

政企联合促进品牌化　巩固全国绿色食品原料（小麦）标准化生产基地创建成果 /
　　昌吉市人民政府 ·· 328

多管齐下强基地　绿色发展促振兴

围场满族蒙古族自治县人民政府

"万里山河通远徼，九边形胜抱神京。"河北省承德市围场满族蒙古族自治县（以下简称围场）地处燕山余脉、河北省最北部，这里是清朝中兴之地，是塞罕坝精神的发源地。围场耕地面积168万亩（1亩≈667米^2，全书同），马铃薯种植面积65万亩，形成"一县一业"产业格局。近年来，围场全面贯彻新发展理念，依托马铃薯主导产业，以全国绿色食品原料（马铃薯）标准化生产基地建设为抓手，聚焦"前生产、后整理"各个环节，全域普及绿色生产方式，有力促进马铃薯产业全域全链可持续发展。

一、党政主导强推动

制定出台《关于自治县马铃薯产业发展的实施意见》等政策文件，打造"以科技研发为引领、种薯繁育为支撑、商品薯生产为主导、马铃薯加工为延伸、储藏保鲜为调控、市场营销为载体"的产业链条，有效带动全县马铃薯产业绿色发展。2023年，全县马铃薯总产量165万吨，综合总产值35亿元，农民人均产业纯收入超过1.4万元，户均增收3000元以上，马铃薯产业成为乡村振兴的支柱产业。

二、科技引领做支撑

大力推进"马铃薯研究院建设项目"，提升了围场马铃薯品种选育、研发条件，推广应用马铃薯新品种新技术，促进增产增收。同时通过技术示范、培训等，提高本地区农业科技水平和农民科技素质。创新建立"监测预警支撑，脱毒繁育保障，标准化技术覆盖，宣传培训普及"绿色防控集成技术体系，制定推广"使用种肥同播、机械深施、水肥一体化"等标准化绿色生产技术，发放宣传册2500册、施肥建议卡1万份，举办技术培训200多场次，培训人员2万人次以上，马铃薯绿色标准化生产技术全面普及。

三、强化监管保安全

制定实施《围场满族蒙古族自治县 2024 年农产品质量监管工作实施方案》，组建农业综合执法队伍，加强投入品专项整治，实行投入品定点配送。建设全县绿色农业生产资料综合定点配送店 1 个，建设高标准农产品检验检测中心 2 个，按照"属地管理、分级负责、分层监管"的原则，形成县、乡（镇）、村三级农产品质量安全监管体系，截至 2024 年，马铃薯检测合格率达到 98%，做到检验检测常态化、全覆盖。

四、典型示范促扩面

出台资金奖补政策，鼓励生产经营主体开展绿色食品认证，全县认证企业 5 个，认证产品 5.3 万吨，被评为"全国农作物病虫害绿色防控整建制推进县"，大力发展循环农业，普及增施有机肥、绿色生态防控技术，建成高标准科技示范基地 12 万亩、地膜覆盖基地 40 万亩、水肥一体化基地 10 万亩。

五、绿色发展强品牌

编制《围场马铃薯区域公用品牌使用规程》，制定合格证和质量追溯制度。强化绿色生产、绿色消费宣传推介，连续举办了马铃薯春播节、马铃薯产业发展论坛、马铃薯种业发展大会等活动，参加中国绿色食品博览会等大型推介会 10 余场次。围场马铃薯被评为地理标志保护产品，作为河北省十佳名优农产品区域公用品牌之一，品牌影响力不断增强。

撰稿：围场满族蒙古族自治县农业农村局　刘伟
供图：围场满族蒙古族自治县农业农村局　孙鉴超

绿色"金豌豆"助力乡村产业振兴

张北县人民政府

近年来,河北省张家口市张北县秉承建设首都水源涵养功能区和生态环境支撑区,践行"绿水青山就是金山银山"理念,坚持生态优先、绿色发展的工作思路,推动全国绿色食品原料(豌豆)标准化生产基地高质量发展,提升绿色优质农产品有效供给。

一、加强组织领导,强化标准宣贯

张北县全国绿色食品原料(豌豆)标准化基地共涵盖8个乡镇,总面积5万亩,覆盖面广,涉及环节较多。县委、县政府成立了以县政府主要领导任组长、分管领导任副组长、23个相关单位为成员的领导组织,统筹协调基地建设工作,设立专门办公室,建立生产管理体系、技术服务体系和质量保障监管体系,严格落实档案管理制度,强化监督管理指导,确保各项工作有效进行。强化绿色食品标准宣贯,统一进行病虫害预测预报,制定统一的符合绿色食品标准的防控措施,加强示范村建设,以点带面。定期组织高素质农民培训班,对基地生产管理人员、技术推广员、企业技术人员、基地农户进行知识培训,累计培训1万人次,免费发放技术资料1万余份,为张北县绿色产业培养出一批农民科技带头人。

二、引育优质品种，推广新型技术

针对高寒冷凉区豌豆产业发展需求，张家口市农业科学院先后育成推广了半无叶直立宜机收的国鉴品种'坝豌1号'和优质丰产半蔓品种'冀张豌2号'等自主创新品种，引进示范了半无叶直立紫花麻豌豆品种'S3006'。引育的优质丰产广适品种为张北豌豆产业发展夯实了种业基础。针对新品种特点，一是研究集成了播期、密度、施肥等配套高产栽培

技术；二是示范推广绿色高效轻简化生产技术，即在北斗卫星导航智能技术的加持下，机械露地精量条播或覆膜机播、机械中耕除草、联合收割机直收或分段机收（先用割晒机割倒，自然晾干后再用捡拾脱粒机完成收获）。新品种新技术相结合，实现了规模化、机械化、标准化生产，为增产增收、绿色增效提供了保障，促进豌豆产业标准化生产。

三、延伸产业链条，助力乡村振兴

豌豆精深加工产品匮乏是制约产业长足发展的主要短板。为补短板、强链条、促发展，积极开展科企合作、企企合作，构建产学研、育繁推一体化发展格局，打造我国北方豌豆芽苗菜种子繁育基地和优质酿酒豌豆原粮生产基地。张北县坝藜种植专业合作社与山西省祁县三禾成农业发展有限公司签署了3.7万亩豌豆种植协议，为山西汾酒集团提供原粮。2023年7月，"走进汾酒第一车间——全国主流媒体原粮（豌豆）基地行"活动在张北县成功举办。2024年，科企合作共建张北县台路沟乡400亩'S3006'等品种核心示范基地10余个，豌豆新品种及轻简化技术示范面积2万多亩，辐射带动农户1000余户，促进农户增收、产业增效，有效助力乡村振兴。

撰稿：张北县农业农村局　张亚娜
供图：张北县农业农村局　柳志强

重创新 抓产业 树品牌 推进绿色食品原料（马铃薯）标准化生产基地高质量发展

张北县人民政府

张北县享有"河北省马铃薯之乡""中国马铃薯原原种之乡""中国北方马铃薯之乡"的美誉。近年来，张北县委、县政府坚持绿色、优质、安全、高效的发展理念，推动全国绿色食品原料（马铃薯）标准化生产基地优质高效发展。

一、加强组织领导，完善基地制度

张北县委、县政府高度重视马铃薯产业，成立由县政府主要领导任组长、分管领导任副组长、23个相关单位为成员的领导小组，统筹协调马铃薯标准化生产基地建设工作。推行县—乡—村—户生产管理体系，建成1.2万亩张北马铃薯地理标志农产品标准化生产示范基地和种薯质量检测中心，配套相应设施设备及检测人员，提升专业检测技术水平，有效保障产品特色品质和质量安全。定期对基地生产管理人员、技术推广员、企业技术人员、基地农户开展知识培训，累计培训1万人次，免费发放技术资料1万余份，为张北县绿色生产培养出一批农民科技带头人。

二、坚持创新引领，推动绿色发展

依托中国农业科学院、张家口市农业科学院，相继引进推广了'冀张薯8号''冀张薯12号'"冀张薯系列""京张薯系列"和"荷兰薯系列"等马铃薯新优品种20多个，形成了早熟、中熟、晚熟品种相配套，种薯型、食用型、加工型品种相结合，白色、黄色、紫色等颜色相搭配的薯种结构。同时，结合种养循环、化肥和农药减量增效、耕地地力提升、高标准农田建设等绿色高效项目，全面推进原料生产基地建设。加强"两端"管理，强化基地内土壤、水质、空气的监测管理，确保基地环境优良；依托省、市、县监督抽检和绿色食品产品检测，抽检张北马铃薯50余次，无不符合项，产品优质安全有保障。

三、发展优势产业，提升品牌影响力

2023年，张北马铃薯被确定为"一县一品"主导产业，种植面积达27万亩。推动产业硬件、软件双提升，构建"生产企业＋种植合作社＋农户"三级脱毒马铃薯繁育推广体系，持续改造马铃薯仓储窖、气调库、淀粉深加工设备等硬件生产条件，标准化生产管理水平得到稳步提升。同时，积极培育绿色食品生产规模主体10余家，有效带动了全县1.8万户农户稳定增收。规模主体积极参加全国各地农展会，定期举办张北马铃薯论坛及产销对接会等，张北马铃薯优良的品质和极佳的商品特性获得市场的赞誉和认可，产品销售覆盖北京、天津等16个省（区、市），张北马铃薯的品牌影响力不断扩大。

撰稿：张北县农业农村局　张亚娜
供图：张北县农业农村局　侯志臣

山西省

打绿色牌　走特色路
推进黄花产业高质量发展

大同市云州区人民政府

大同市云州区深入贯彻落实习近平总书记考察山西省时的重要讲话，加快推进以"三品一标"（绿色食品、有机产品、达标合格农产品、农产品地理标志）为主的品牌农业、绿色农业发展。立足全区 17 万亩黄花，狠抓绿色有机产业基地创建，取得了扩量提质增效、示范引领与保障安全的良好成效。

一、加强国家农业绿色发展先行区创建，引领黄花产业高质量发展

2023 年，成功申报创建国家农业绿色发展先行区，为黄花产业绿色发展、高质量发展提供有力支撑。云州区委、区政府成立了以区政府主要领导任组长、分管领导任副组长、20 个相关单位为成员的组织机构，统筹协调全区农业产业绿色发展。制定《云州区国家农业绿色发展先行区创建方案》，把特色黄花产业绿色农业基地创建、绿色食品监管、"三品一标"认证放在首位，通过量比考核督查责任落实，形成措施扎实具体、层层推进的领导保障机制。

二、实施特色黄花绿色食品标准化种植，为龙头企业提供充足原料基地

以黄花种植区地力提升、高效节水灌溉，保障投入安全为增产增收关键措施，打造绿色食品 A 级、AA 级黄花生产基地。建设 2.5 万亩黄花田地表水灌溉设施，3.5 万亩黄花田配套滴灌设施，实行水肥一体化技术，亩均施农家肥 2 吨、水溶性化肥 15.52 千克，亩均农药施用量为 0.053 千克。加强对黄花田投入品的监管，农药化肥的施用严格执行《黄花栽培技术标准》

《黄花田间管理办法标准》《黄花病虫害防治技术标准》《绿色食品黄花生产技术规程》等一系列生产标准，监管有把控、操作有遵循，实现种植绿色化、有机化目标。

三、创建国家级出口黄花质量安全示范区，促进黄花产品优质优价

贯彻落实国家《关于创新机制推进农业绿色发展的意见》和有关法律法规，完善绿色农业发展监管约束机制，在绿色食品原料（黄花）标准化生产基地创建区，实行净土、净水、净气工程，严防发生土、水、气污染事故。凡可能对基地创建有影响的施工作业，均由环保部门作出评价，农业农村部门备案登记、组织验收。增强龙头企业的带动能力，龙头企业应用绿色标准化生产技术，大力研发绿色食品与有机产品，创建"三品一标"品牌，与基地和农户形成绿色共建、品牌共创、利益共享的一体化经营模式。

四、加大资金、技术投入力度，提升黄花绿色产业基地创建动能

云州区多措并举保障黄花绿色产业基地创建可持续、后劲足。各级政府每年拿出大量资金投入到基础建设、采摘加工和市场销售上，其中，2024年区财政投入黄花产业的资金达4500万元。在绿色农业、智慧农业项目实施方面，优先开展基地创建。2023年，实施国家现代农业产业园智慧农业建设项目，在忘忧大道两侧黄花集中种植区域安装黄花精准生产管理系统、病虫害监测系统、黄花产品溯源系统、气象监测及土壤多要素监测系统，在加工龙头企业及合作社安装大同黄花二维码展示系统、品牌宣传系统，为黄花产业标准化创建及品牌化展示搭建平台。2024年，全区黄花鲜菜总产量2.8万吨，全产业链产值达22亿元。

撰稿：大同市云州区农业农村局　王玉印
供图：大同市云州区农业农村局　张利鑫

绿色食品原料标准化生产基地建设典范

标准化生产 主粮化推进
做大做强马铃薯产业 带动农民增收致富

岚县人民政府

山西省吕梁市岚县是全国最适宜种植马铃薯的区域之一，也是中国特色农产品优势区。岚县县委、县政府围绕"全国马铃薯主食化开发第一县"目标，提升"土豆种—土豆花—土豆—土豆宴"全产业链经济，走出了一条马铃薯一二三产业融合与乡村振兴互促共进的新路。

一、坚持组织化推动，实现马铃薯产业优先发展

岚县县委、县政府把马铃薯产业作为农业产业转型升级的龙头，成立了岚县马铃薯产业发展领导组和特色产业扶贫工作领导小组，出台了《岚县马铃薯产业发展实施方案》等系列文件，统一规划全县马铃薯产业发展布局，制定了扶持发展的政策措施，引导发展从事马铃薯育种、生产、加工、营销的企业和合作社125家，为全县马铃薯标准化生产奠定了强有力的组织保障。

二、坚持标准化生产，实现马铃薯产品优质发展

岚县坚持将标准化生产作为产业发展转方式，实行"统一规划布局、统一操作规程、统一生产资料、统一技术服务、统一生产建档"的标准化模式，做到"地块有编号、生产有记录、产品有标签、质量有追溯"，全县10万亩绿色马铃薯基地实现标准化种植全覆盖。

在具体工作中坚持"五个严把"。一是严把农业投入品监管关。向基地农户发放推荐使用和禁限用投入品清单。二是严把地块选择关。由专业技术人员对每个地块进行

编号,并组织乡、村基地建设具体承办人和农业技术人员,开展地块编号知识培训,确保地块落实准确,保障了生产管理和质量追溯。三是严把品种选用关。在品种选择上,坚持选用高抗病、优质高产、适应性强的优良品种。四是严把生产档案关。在种薯处理、播种施肥、田间管理、收获等方面进行统一规范管理,县、乡农业技术员监督指导薯农按照

规程统一标准化生产,建立完善的生产档案,严格记录马铃薯生产过程,强化了全程质量安全监管。五是严把田间管理关。在田间管理上,按照不污染环境、不影响产品品质的原则,积极进行病虫草害的综合防治工作。

三、坚持品牌化创建,实现马铃薯品牌创新发展

岚县坚持把品牌战略作为提高马铃薯产业知名度、促进产品创新创优的一件大事来抓。围绕"世界主粮、中国味道、岚县智造"的定位,组建了岚县马铃薯主食化研发推广中心,挖掘整理研发推广了108种马铃薯美食——"岚县土豆宴"。依托深厚的产业基础和马铃薯文化,以中国·岚县"土豆花开了"旅游文化月活动为抓手,打造"中国土豆花风景名胜区",探索"主导产业+旅游+文化+餐饮"的多产业融合发展模式,极大地提高了岚县马铃薯的知名度,为岚县马铃薯营销奠定了坚实品牌的基础。

撰稿:岚县农业农村局　侯步逸
供图:山西康农薯业有限公司　王秀明

 内蒙古自治区

突出四个坚持
高质量发展绿色食品原料（小麦）标准化生产基地
五原县人民政府

为实现生态优先、绿色高质量发展的要求，五原县坚持规模化发展、标准化生产、产业化经营、品牌化引领、市场化运作的思路，建立健全了组织管理、生产管理、农业投入品管理、技术服务、监督管理、基础设施环境保护和产业化经营"七大管理体系"，提高了绿色食品原料（小麦）标准化生产基地的示范效应。

五原县位于内蒙古自治区西部巴彦淖尔市，属黄河冲积平原，具有光能丰富、日照充足、干燥多风、降水量少等特点。现有耕地230万亩，种植作物主要有小麦、玉米、向日葵和果蔬等。

全国绿色食品原料（小麦）标准化生产基地于2015年1月获批，基地单元涉及五原县隆兴昌镇、塔尔湖镇、套海镇、新公中镇、天吉泰镇、胜丰镇6个镇，农户6533户，总面积35万亩，年总产量约14万吨，年总产值约4.48亿元。

一、坚持全域联动

充分调动各部门、各单位积极性、主动性，服务小麦原料标准化生产基地建设。一是组织融合，成立县、镇、乡、村四级基地建设领导小组，下设基地建设办公室、技术服务组、质量安全监管组等，具体负责标准化技术推广、科技培训、质量安全

监管等。二是制度融合，制定了一个办法［《五原县创建全国绿色食品原料（小麦）标准化生产基地建设目标责任制考核办法》］和七项制度（《基地生产管理制度》《基地培训制度》《基地环境保护制度》《农业投入品管理制度》《生产技术指导和推广制度》《档案管理和质量可追溯制度》和《综合管理和检测制度》）。三是管理联动，

县、镇、村三级层层签订责任书，细化、量化了考核指标，形成了一级抓一级，层层抓落实的工作机制，确保了各项工作顺利推进。

二、坚持高质量推动

按照"统一整地播种、统一肥水管理、统一标准化技术、统一病虫害防治、统一机械收获"模式，高标准建设小麦原料基地，重点开展以下几项工作：一是依据《绿色食品　农药使用准则》（NY/T 393）、《绿色食品　肥料使用准则》（NY/T 394）等，制定了农药、肥料使用方案和推荐用药名录等明白纸；二是制定统一的生产操作规程、农户操作手册、田间生产管理记录，并按照县、镇、村统一进行编号，做到农户档案齐全规范；三是在县级和各基地单元分别建立一个绿色食品农药专供点，实行台账管理，在专供点内张贴农药、肥料使用准则；四是对基地内农业生产资料市场进行定期检查和不定期抽查，确保生产者、销售者严格执行相关法律法规和规章制度。

三、坚持高标准创建

通过项目集成的方式，每亩补贴 500 元建设规模化生产基地，重点打造了新公中镇科技小院 2000 亩科技示范区、旭日村 7000 亩标准化示范区及塔尔湖镇继光村 8000 亩示范区。积极对接内蒙古农业大学、内蒙古自治区农业科学院等在园区内进行新品种、新技术试验示范，使用无人机对小麦基地进行了"一喷三防"（一次喷施混合药剂，防病虫害、防倒伏、防干热）技术推广，起到了科技引领和示范带动作用。

四、坚持全产业推动

帮助农户和企业牵线搭桥，实现一二三产业有机融合，共有 7 家绿色食品企业与原料基地单元农户和合作社签订种植合同，订单原料量为 11.11 万吨，占原料总产量的 79.35%，原料收购价格比市场价高 0.1 元/千克，7 家企业绿色食品认证数量为 44 个。

撰稿：巴彦淖尔市农畜产品质量安全中心　崔爱文
供图：五原县农畜产品质量安全中心　孙志华

绿色食品原料标准化生产基地建设典范

擦亮金字招牌　赋能乡村振兴

喀喇沁旗人民政府

内蒙古自治区赤峰市喀喇沁旗持续加强绿色食品原料基地建设，推动乡村产业发展，奠定乡村振兴基础，擦亮全国绿色食品原料（谷子）标准化生产基地这个金字招牌。坚持绿色农产品规模化、标准化、品牌化发展道路，不断提高市场竞争力，提质增效，带动农民增收致富。

一、加强管理，基地建设有序推进

喀喇沁旗7万亩全国绿色食品原料（谷子）标准化生产基地，涉及4个基地单元，34个行政村和8288户农户。绿色食品企业对接基地5.61万亩，绿色食品开发率达到80.1%，绿色食品年产量12248吨。基地建设领导小组进行统一安排部署，多部门协调联动、齐抓共管。结合国家农产品质量安全县建设，全力推进标准化生产进程，有效提高基地建设水平。持续完善优化各项生产管理制度、投入品监管制度，建立长效监管机制，基地各生产单元配备专职监督管理人员，探索规范管理基地农户的有效形式，强化合同约束力。

二、狠抓生产，质量安全全面提升

喀喇沁旗深入贯彻绿色发展理念，依托区域资源优势，在基地生产管理体系建设上，按照集中连片、合理规划、规模发展的原则，实行区域化种植。坚持"预防为主，综合防治"的植保方针，以生物防治和物理防治为主，推广病虫害绿色防治技术，持续推动农药化肥减量增效，强化生产管理。严格按照"统一优良品种、统一生产操作规程、统一投入品供应和使用、统一田间管理、统一收获"组织农户生产。生态环境部门持续加强对基地内水、土壤、大气的监测与管理，保障基地远离工业"三废"。

三、拓展服务，标准化生产全程落实

建立健全旗、乡、村三级技术服务体系，将绿色食品生产管理技术纳入培训内容，完善喀喇沁旗绿色食品原料（谷子）标准化生产与管理技术培训计划，采取集中与分散、现场与课堂相结合的方式，对基地生产管理人员、技术推广员、合作社社员、中介流通组织销售人员进行绿色食品知识培训，让相关人员"学得会、用得上、真管用"，打通技术推广服务的"最后一公里"。

四、优品优质，品牌建设成效显著

喀喇沁旗坚定不移推动谷子品牌化发展，进一步提升产品附加值，积极组织辖区企业申报绿色食品、有机产品和地理标志。利用传统媒体和新媒体，通过广告、宣传片、网络直播

等方式，提升品牌知名度和美誉度。"久闻""憨农张"等一批绿色小米品牌走进人们的视野。积极组织企业参加各类展销会、对接会等会展活动，年均参展30余次，有效提升了农产品附加值以及品牌竞争力、影响力、带动力。

撰稿：喀喇沁旗农牧局　丛明琦
供图：赤峰市农畜产品质量安全中心　邱思

全面推进绿色食品原料标准化生产基地建设 促进优质高效粮食生产

乌审旗人民政府

内蒙古自治区鄂尔多斯市乌审旗农作物种植面积保持在 80 万亩以上，主要种植玉米、马铃薯、水稻、小麦、杂粮杂豆、瓜果蔬菜、优质饲草料等，其中，粮食生产面积占比 77%，玉米种植面积常年稳定在 60 万亩左右，占全旗播种面积的 70% 以上，玉米种植基础条件相对成熟，水肥一体化技术推广应用占比 80% 以上，玉米在乌审旗占有举足轻重的地位。乌审旗建有 54.5 万亩全国绿色食品原料（玉米、青贮玉米、马铃薯、西瓜、紫花苜蓿）标准化生产基地，其中玉米绿色食品原料标准化生产基地 16.5 万亩，年产量 10 万吨，占全旗玉米种植面积的 30% 左右。

一、以人为本，建立健全组织管理体系

在组织管理方面，成立了以乌审旗旗长任组长，农牧局局长任副组长，财政、林草、市场、环保、各苏木镇负责人为成员的基地建设领导小组，并向各有关单位发布了政府办公室文件。文件明确了领导小组的工作职责，对全旗绿色食品原料标准化生产基地的建设工作进行了全面的安排部署。同时，在旗农牧局设立了绿色食品原料标准化生产基地建设领导小组办公室（简称基地办），局长（兼）任办公室主任。基地办明确了工作职责，制定了管理制度，配备了专职工作人员。

二、聚焦玉米作物生产，推技术、提单产

因地制宜集成推广优质品种和高产高效栽培技术模式，推动落实优质高效增粮示范行动，提高乌审旗玉米基地单产、品质和效益，为引领全旗农业的高质量发展起到很好的辐射带动作用。乌审旗选择在无定河镇河南村建设示范片 1 个，示范基地面积 1000 亩，辐射带动 1 万亩；优质高效增粮示范行动主推玉米密植高产精准调控技术模式、"五统四控三提两增"技术模式、无膜浅埋滴灌水肥一体化技术模式、病虫草害绿色防控统防统治技术模式；开展玉米品种评比示范、种植模式评比示范、新型肥料评

比示范、水肥"三新"技术创新应用示范；攻关技术瓶颈和技术难题，包括密植高产技术攻关、耐密抗倒伏玉米品种筛选、密植高产水肥高效利用试验、密植高产化控防倒试验；对比展示试验，包括玉米品种对比、玉米密植对比，玉米肥料试验对比、玉米施肥次数对比、密植高产化控防倒、机械化深耕作业共计6次试验。

三、提升职业农民素质，加强绿色基地创建

基地玉米常年常规种植密度4500株/亩，平均亩产800千克，示范基地种植密度提高到6000株/亩以上，预计亩产870千克以上。近年依托项目建设开展高产典型创建，特别是针对常年种植密度较低、产量提升潜力较大区域，开展高密度（7200株/亩）种植试验200亩，预计产量1200千克/亩。2024年开展培训3期，培训人员170人次；组织开展观摩行动1期，观摩人员130人次；

向上级单位报送简报、信息2篇，均已被采纳；发放技术资料600余份。

四、巩固农安县（旗），开拓绿色增效兴农新路径

落实农药、种子、肥料经营者100%监管名录制度，签订各类承诺书420余份。推广测土配方施肥技术；建成标准化智能配肥服务网点2个，辐射面积16.5万亩；示范片良种覆盖率100%；水肥一体化面积1000亩，占总面积的100%；统防统治面积1000亩，占总面积的100%；粮食作物示范片平均节肥5%、节药5%、节水10%，无膜种植100%，粮食作物平均每亩节约成本180元。2023年在示范区开展高密度种植试验示范200亩，种植'登海618'品种，经专家组依据《2023年内蒙古自治区主要粮油作物高产竞赛实施方案》实测，平均单产1352.68千克，较周边区域每亩增产502.68千克，创造了乌审旗玉米高产新纪录。

撰稿：乌审旗农牧局产业化发展办公室　斯庆毕力格
供图：鄂尔多斯市农畜产品质量安全中心　刘俊梅

全面推进绿色食品原料（油菜）标准化生产基地建设 提质增量严标准 示范引领共发展

内蒙古自治区海拉尔农牧场管理局

海拉尔农牧场管理局（呼伦贝尔农垦集团）是内蒙古自治区呼伦贝尔市境内一家资源丰富、规模较大、组织化程度高的大型国有企业，建有100万亩全国绿色食品原料（油菜）标准化生产基地。海拉尔农牧场管理局以绿色食品基地"七大管理体系"（组织管理体系、生产管理体系、基础设施与环保体系、农业投入品管理体系、技术服务体系、监督管理体系、产业化经营体系）建设为遵循，以标准化生产为抓手，始终坚持全面贯彻习近平总书记对内蒙古自治区、对农垦工作的重要指示精神，进一步提升保障粮食生产安全和重要农产品有效供给的能力。

一、向精转型，实现农业标准化生产

围绕"扩大数量、增加产量、提高质量"的要求，深入实施"藏粮于地、藏粮于技"战略，加强高标准农田、大中型灌区和气象预警体系等基础设施建设，加快保护性耕作和浅埋滴灌水肥一体化等先进技术的应用，持续推进农业高产高效攻关，全面提升单产水平。制定并印发了《油菜模式化栽培技术方案》《农产品质量安全控制管理规范》《绿色食品及绿色食品原料标准化生产基地管理办法》以及配套的5项制度和预案，保障农产品质量安全，实现生态效益、社会效益和经济效益三者协调。

二、向新发力，推广应用重点生产技术

持续推进油菜种子丸粒化免耕精播技术的试验示范，充分发挥丸粒化技术在提高种子发芽率、促进根系生长、提高产量等方面的优势，在油菜种子丸粒化播量、包衣

技术等方面进一步探索，同时与水肥一体化技术相结合，提高油菜的保苗率，切实总结出一套适合本地区的油菜丸粒化免耕精播技术模式，为油菜单产提升奠定基础。

三、向合发展，构建基地企业利益链接机制

为进一步释放加工企业产能，持续优化产业结构，延长呼伦贝尔农垦集团产业链条，初步构建了一二三产业融合发展利益联结机制，基地生产的原料以内部价销售给食品集团用于生产绿色食品芥花油，同时发挥龙头企业带动作用，引领周边上万户农户规范化生产，进一步提高产品质量和经济效益，有效强化加工企业与基地之间的紧密衔接关系，有效推动呼伦贝尔农垦集团全产业链发展。

四、向绿而行，发掘绿色兴农新路径

呼伦贝尔农垦集团拥有100万亩全国绿色食品原料（油菜）标准化生产基地，油菜籽、芥花油等10余种产品获得绿色食品认证，呼伦贝尔油菜籽等3个产品纳入地理标志农产品保护工程项目，真正实现好生态、好工艺、好品质。实现直属农牧场公司和加工企业全面质量管理工作全覆盖，逐步完善质量安全制度，严格管控农药化肥的使用，建立油菜全生育期需肥模型，按需供肥，平衡施肥，减药控害增效，实现超低量精准施药和绿色增产。此外，与央企签订战略合作协议，加快建设农畜产品质量检验检测中心，推动质量安全管理常态化、制度化，确保产品质量安全。

撰稿：呼伦贝尔市农畜产品质量安全中心　杜大勇
供图：呼伦贝尔市农畜产品质量安全中心　靳海宇

齐抓共管 巩固绿色食品原料（红干椒）标准化生产基地创建成果

开鲁县人民政府

内蒙古自治区通辽市开鲁县全国绿色食品原料（红干椒）标准化生产基地，涉及10个乡镇，总面积20万亩。开鲁县按照习近平总书记"打造更多专业化、规模化产业集群"的重要指示要求，推动红干椒产业向高品质、高附加值方向延伸，着力把开鲁红干椒产业打造成拥有市场定价权、影响力的专业化产业。

一、抓严基地建设，促进产业发展

成立以县长为组长，分管农业副县长为副组长，县农牧局、财政局、市场监督管理局、生态环境局及各乡镇（场）主要领导为成员的创建全国绿色食品原料（红干椒）标准化生产基地工作领导小组，统一指导基地建设工作。各有关乡镇（场）或企业配套落实基地建设责任人以及技术服务、质量监督和综合管理人员，各村落实具体负责人员。

通过科学管理、标准化种植、多元化发展的措施，示范引领开鲁红干椒产业向绿色化、高质量标准化、规模化发展。开鲁县全国绿色食品原料（红干椒）标准化生产基地通过统一品种、统一施肥、统一病虫害防治、统一收购等措施，推广各项生产实用技术，解决了重茬病害严重的问题，稳定了种植面积，提高了产品品质，提升品牌效益，壮大了开鲁县红干椒产业。

二、抓实品质提升，促进产品升级

开鲁红干椒以其独有的特点受到了国内外客商的赞誉和青睐，具有皮红肉厚、色质纯正、果实细长、品质优良等特质，其蛋白质、碳水化合物、辣椒素等营养指标都明显高于普通红干椒，蛋白质含量为 39.6 克/千克，碳水化合物含量为 451 克/千克，辣椒素含量为 0.181 克/千克。

三、抓牢品牌荣誉，激发品牌活力

开鲁红干椒入选内蒙古农牧业品牌目录区域公用品牌；通过参加内蒙古自治区绿色食品博览会、厦门全国绿色食品博览会等展会宣传品牌；制定了 7 项开鲁红干椒高质量地方标准；参加第六届贵州遵义国际辣椒博览会，开鲁县荣获"全国辣椒产业十强县"的称号；专题片《红色产业 绿色崛起》荣获专题片微电影作品奖三等奖；"开鲁红干椒"区域公用品牌价值被评价为 19.64 亿元。为加快产品研发和品牌打造进程，政府出台优惠政策，打造出"媛晶""巧厨娘"等品牌，促进红干椒产业向高端精品方向发展。

四、抓好产品宣传，拓宽产品市场

充分利用各种媒体，多形式、多渠道宣传有关绿色食品知识，正确引导红干椒绿色优质农产品高质高效生产、经营行为，增强绿色食品生产者、加工者、经营者和消费者的质量安全意识，在红干椒标准化基地设置明显的标识牌。强化红干椒高质高效生产技术培训，提升经营主体的品牌影响力，推动经营主体向外拓展，促进农民增收。

撰稿：开鲁县农畜产品质量安全中心　赵瑞凡
供图：通辽市农畜产品质量安全中心　王文议

全力打造 用心守护 擦亮全国绿色食品原料（水稻）标准化生产基地"金字招牌"

科尔沁右翼前旗人民政府

内蒙古自治区兴安盟科尔沁右翼前旗依托区域资源优势，深入贯彻绿色发展理念，大力推进全旗农产品绿色化、标准化生产，持续推动绿色产业健康发展，将全国绿色食品原料（水稻）标准化生产基地作为建设国家重要农畜产品生产基地的根本保障，有力促进了农业增效、农民增收和农村经济的可持续发展。

一、抓好组织管理，责任落实到每个层级

科尔沁右翼前旗全国绿色食品原料（水稻）标准化生产基地面积10.6万亩，涉及5个苏木乡镇1000余户农户。要实现全面、系统、科学运作，必须加强领导、狠抓落实。科尔沁右翼前旗委、旗政府总揽全局，统筹相关单位共同推进，积极完善"七大管理体系"建设工作，形成了齐抓共建、协调推进的工作格局。通过旗、乡、村层层签订目标责任状，实行旗级领导包乡镇、乡镇领导包村屯、旗直属技术人员及乡镇干部包农户，层层落实，直到农户，真正做到了组织管理严起来、实起来、规范起来，责任落实到田间地头。

二、提供技术支撑，服务到"最后一公里"

每年春播前，根据目标管理责任状，结合10.6万亩全国绿色食品原料（水稻）标准化生产基地建设，在5个乡镇落实基地、确定农户、填写农户档案，实行签名责任制，并进行生产前培训，打好生产"第一枪"。依托旗、乡镇两级农业技术推广服务机构，组建技术服务队伍，采取统一培训与田间现场指导相结合的方式，加强对基地单元负责人、技术服务人员、对接企业和农户的培训。每年举办各级技术培训200多期，共培训农民约20万人次，发放绿色食品原料标准化生产技术手册20万余份。使绿色食品原料标准化生产基地的每户农户都有一位农产品安全生产明白人。在作物生长环

节，对基地分片巡回指导不低于 5 次，确保 10.6 万亩全国绿色食品原料（水稻）标准化生产基地严格按照绿色食品水稻标准化生产技术规程生产。

三、建立示范园区，推动标准化生产再上新台阶

在全旗范围内，建设水稻科技示范区 4 个，分别位于哈拉黑村、水库村、察尔森嘎查、巴达仍贵嘎查，示范区总占地面积 3000 亩。开展水稻创高产试验、富硒栽培、有机水稻杂草防除、化肥减量增效等试验共计 20 项。通过项目实施，水稻平均亩产量大幅提升，带动科尔沁右翼前旗全国绿色食品原料（水稻）标准化生产提质增效，推广病虫草绿色防控、化肥减量增效、浅湿干间歇交替节水灌溉等绿色高质高效生产技术，示范区化肥利用率达到 38.5% 以上，化肥施用量减少 10%，农药使用量减少 15.6%，灌溉节水率达 23%。水稻宽窄行插秧机械的应用使水稻机械化水平迈向新台阶，提升了农产品品质，保障了农业生产安全、生态安全。

四、强化源头管控，农业投入品安全有保障

加强对农业生产资料经营主体的监管，实行农业投入品市场准入制度。在全旗 14 个苏木、乡、镇选定 10 家资质好、信誉高、守法经营的农业生产资料经营主体作为绿色食品原料标准化生产基地投入品专供点。落实农资购销台账制度，严禁购买和销售剧毒、高残留农药，从源头上切断了禁限用投入品的购销渠道。联合市场监督等部门，对农业生产资料市场定期监督检查并不定期抽查，提升生产经营主体的责任意识，牢牢把住源头"第一关"。

撰稿：科尔沁右翼前旗农畜产品质量安全检测中心　李东旭
供图：科尔沁右翼前旗农畜产品质量安全检测中心　杨丽清

兴安农垦全面建设全产业链小麦标准化生产基地

兴安盟农垦事业发展中心

内蒙古兴安盟农垦事业发展中心（简称兴安农垦）的前身是内蒙古兴安盟农牧场管理局，于2011年1月开始创建全国绿色食品原料标准化生产基地，现有7个农作物品种的全国绿色食品原料标准化生产基地，总面积达122.4万亩，实现兴安农垦耕地全覆盖，其中包括小麦22万亩。兴安农垦的绿色食品原料（小麦）标准化生产基地严格遵循《绿色食品 农药使用准则》（NY/T 393）和《绿色食品 肥料使用准则》（NY/T 394），认真执行《绿色食品原料标准化生产基地管理办法》，确保基地高标准、高质量运行。

一、优化品种，实现基地效益提升

深入实施"藏粮于技"战略，兴安农垦小麦基地主产区选择高筋新品种'冰麦1号''龙垦60'并开发种植黑麦新品种，在落实常规增产技术的基础上建立与之相配套的《测土配方施肥技术》《小麦高产栽培技术操作规程》《无人机飞防技术要领》《一喷多促技术规范》等制度措施，小麦基地规模化管理区实行"五统一"（统一优良品种、统一生产操作规程、统一投入品供应和使用、统一田间管理、统一收获）管理，提高了农产品质量，增加了小麦基地的经济效益。

二、二产融合，实现全产业链发展

随着农垦改革的不断深入，内蒙古兴安农垦集团有限责任公司于2018年正式挂牌成立。为进一步延长产业链条，持续优化产业结构，基地原料主要供给集团旗下的两个加工企业用于生产绿色食品面粉，2022年向东北地区市场销售面粉产值达1.2亿元。现有6个产品已通过绿色食品认证、9个正在申报绿色食品认证。通过构建基地企业利益链接机制，充分发挥农垦集团龙头企业的国家队作用。

三、绿色食品基地与文旅融合发展

兴安农垦索伦牧场的全国绿色食品原料（小麦）标准化生产基地，位于乌兰浩特—阿尔山—海拉尔—满洲里黄金旅游线路节点，具备军旅、索伦河谷等文化组合优势，本着"量力而行、尽力而为"原则，坚持"规划先行，质效并重，点线面结合，重点突破"的开发思路，把旅游作为绿色食品基地的潜力产业培育，现在已初步建成索伦牧场、呼和马场、吐列毛杜农场、布敦化牧场、跃进马场5个基地示范园区，接待游客观光、采摘、打卡，探索形成"索伦牧场为龙头，呼和马场、吐列毛杜农场为两翼"的垦区全域旅游发展格局，逐步将绿色食品基地与旅游业打造成为兴垦富民的优势产业。

撰稿：内蒙古兴安农垦集团有限责任公司　田瑞龙
供图：内蒙古兴安农垦集团有限责任公司　杨桦

 辽宁省

提质量 稳总量 优结构 推进绿色食品原料（玉米）标准化生产基地高质量发展

朝阳县人民政府

辽宁省朝阳市朝阳县作为农业产粮大县，持续发展绿色食品玉米产业，以绿色食品原料（玉米）标准化生产基地建设为抓手，不断提升农产品高质量发展，打造县域农产品知名品牌，逐步走上农业强、农村美、农民富的小康之路。

一、加强组织领导，完善基地建设机制

朝阳县成立了以县长为组长、分管领导任副组长、14个相关单位主要负责人为成员的县级领导小组，统筹协调基地建设。同时，设立领导小组办公室，制定质量安全管理和产业发展计划，落实绿色食品生产基地标准化操作和监管等工作。建立健全县、乡、村、龙头企业等相关责任制度，形成了目标责任明确、服务监管到位、考核运转高效的组织管理体系。

二、改善基础设施，提升农业生态环境

在绿色食品原料生产基地范围内建设高标准农田和农田水利设施，切实夯实基地农业生产基础。已建设高标准农田6万亩，占基地总面积的60%，切实提高基地综合生产能力，改善农田的生态环境，从而保障国家粮食安全和农民持续增收。

三、强化技术指导，提升监管服务水平

从宣传培训入手，制定绿色食品生产操作规程，利用农家书屋、新闻媒体、手机客户端对农户进行技术指导，向农业从业人员普及玉米绿色食品标准化生产知识，从而引导标准化种植行为。以田间病虫害绿色防控和投入品监管为抓手，农业农村局综合执法大队加大对基地内种子、化肥、农药等经营单位开展集中和不定期监督检查500余次，实行全链条控制、全过程监管，良种普及率达100%。县、乡、村三级农业技术推广专家、技术员近百人在玉米播种期、生长期、收获期的关键环节深入生产一线进行全方位指导，服务农户上万人，确保生产技术落实到位。

四、延长产业链条，拓展农业发展空间

在朝阳县绿色食品原料生产基地，引进辽宁维健农产品科技开发股份有限公司，采取集农业技术开发、农产品种植、粮食辅料加工、包装、销售、仓储物流、进出口贸易、电子商务于一体的经营模式。该公司生产的优质绿色食品糯玉米、水果玉米等产品远销伊拉克、俄罗斯、新西兰等国家。基地玉米生产利润率达到市场水平的2倍以上，实现了较高的经济收益和社会效益。

撰稿：朝阳县农业发展服务中心　安然
供图：辽宁维健农产品科技开发股份有限公司　惠中波

创新发展绿色优质农产品
创建谷子标准化生产基地

建平县人民政府

一、自然原生态

辽宁省朝阳市建平县位于北纬42°农作物种植黄金带，常年日平均气温为7～8℃，年降水量在450毫米以上，日照充足、四季分明、昼夜温差大，自然环境良好，空气通透。土壤富含锰、铁、锌等元素，水质纯净，适宜的生态气候条件、肥沃土壤的滋养和天然水源的浇灌，保持了农作物"绿色、生态、有机、健康"的天然特性，造就了高品质的小米，在清朝曾作为"贡米"供皇家御用。

二、规模大、品质好

建平谷子种植面积常年在60万亩以上，种植品种包括'金苗k1''辰诺金谷'以及'张杂'系列、'豫谷'系列、'神谷'系列等50余个品种，其中以'金苗k1''辰诺金谷'品质最优、口感最好，平均亩产量达到800斤（1斤=0.5千克，全书同）以上。全县年产优质谷子3亿斤以上，富硒谷子、酵素谷子、富锗谷子等特色产品得到广泛推广。

三、技术保障逐年提升

建平县大力引进谷子新品种，推广新技术，谷子从原来的亩产200～300斤发展到现在的 800～1000 斤，种植方式从传统农耕种植到现在生产机械化作业率达到 85% 以上，全部谷子地块实现了测土配方施肥，良种覆盖率达到 98%。产量的增加、品质的提高，极大地提高了农民种植谷子的积极性。建平县还注重谷子产业的提质升级，与中国农业科学院、辽宁省农业科学院、沈阳农业大学等科研单位合作，引进、培育优质高产新品种，更新膜下滴灌、水肥一体化、现代农机等配套技术。建平县农业推广中心的研究成果"谷子覆膜机械穴播创新技术集成与推广"获辽宁农业科技贡献奖一等奖。引进抗除草剂谷子新品种'天粟 1 号''天粟 7 号'，填补了建平县谷子化控间苗技术的空白。兴诺米业生产的小米因其加工方法先进被评为辽宁省专精特新产品，惠丰源小米油等 3 项产品及其生产技术获国家专利。

四、产业链条逐步完善

建平县现有谷子加工购销户 1000 多家，深加工企业 130 余家，其中省级产业化龙头企业 5 家，市级产业化龙头企业 15 家，日加工能力 60 吨以上的企业有 76 家，从事谷子产业的农民产业合作社有 400 余家（其中，国家级农民合作社示范社 2 家，省级农民合作社示范社 4 家），带动 4 万余户农户增产增收。

撰稿：建平县农业发展服务中心　袁晓丽
供图：建平县农业发展服务中心　袁晓丽

齐抓共管　巩固绿色食品原料（花生）标准化生产基地创建成果

彰武县人民政府

辽宁省阜新市彰武县全国绿色食品（花生）原料标准化生产基地总面积25万亩，年总产量10万吨以上。

一、建立长效机制，夯实管理体系

彰武县委、县政府加强了对种植业产业结构调整的力度，突出特色抓花生产业，加之花生市场前景看好，充分提高了农户的生产积极性。生产基地以章古台镇、阿尔乡镇、四合城镇、冯家镇为核心，辐射带动后新秋镇、哈尔套镇、大冷镇、平安镇等乡镇，独特的地域环境是花生品质的最佳保障。彰武县建立健全创建体系，加强基础设施建设，规范标准化生产，加大农业投入品管理，强化生产技术服务，有序推进创建工作平稳有序开展。目前，彰武县花生生产涉及24个乡镇，覆盖90个行政村、1.2万户农户。

二、坚持生态优先，打造洁净产地

强化农业执法，加强农业投入管理及全程监督管理机制，落实进销货台账登记管理，宣传允许使用、禁用或限用农药名单，从源头严格控制禁限用投入品的使用，确保绿色食品原料的质量安全。基地建立以"统一回收、定期归集、无害化集中处理"为主要模式的农药包装废弃物回收处理机制，净化了产地环境。

三、发展绿色生产，助推产业提升

加强农产品质量安全知识宣传，强化基地群众质量意识。建立健全"统一优良品种、统一生产操作规程、统一投入品供应和使用、统一田间管理、统一收获"的"五统一"生产管理制度。健全县、乡、村、户四级生产管理体系。实施产品质量追溯制度，为1.2万户农户建立绿色食品原料花生农户管理档案。

四、坚持产业化经营，实现延链增收

从事彰武花生经营加工的企业主要有省级龙头企业辽宁沃土生物有限公司、辽宁绿维农业发展有限公司、彰武天丰粮业有限责任公司等，通过参加农产品交易会、绿色食品博览会等全国性大型展会，举办农民丰收节等节庆活动的方式，搭建绿色食品企业展示成果、推介产品的广阔舞台，汇集支持绿色食品产业发展、提升彰武产品影响力和竞争力的强大合力。

撰稿：彰武县农业发展服务中心　　闫凤辉
供图：彰武县农业发展服务中心　　杜超

吉林省

创新机制 明确目标 强化技术支撑
推进绿色食品原料（水稻）标准化生产基地高质量建设

大安市人民政府

大安市绿色食品原料（水稻）标准化生产基地始创于2017年，基地涵盖吉林省白城市大安市的大赉乡、四棵树乡、红岗子乡、月亮泡镇、叉干镇5个乡镇，总面积10万亩。经历8年的建设，大安市人民政府按照基地建设"七大管理体系"的具体要求，逐渐形成了"强组织、重监管、抓技术、树品牌"的发展模式。

一、强化领导，完善组织管理体系

大安市成立了以分管副市长任组长，农业农村局、市场监督管理局、财政局、生态环境分局、各乡镇政府等相关部门主要负责人为成员的基地建设领导小组，各司其职、齐抓共管，统一指导基地建设工作；下设基地办公室具体承担基地日常生产管理、技术指导和组织协调等各项工作；各乡镇配套落实相关责任人。建立基地建设目标责任制度，将基地建设工作纳入各部门绩效考核体系。实行市、乡、村三级生产管理、推广体系，建立相应的环境保护、生产管理、质量追溯及技术推广培训等制度，做到"事事有人管，工作有人抓，责任落到人，年底交答卷"。

二、聚焦重点，筑牢绿色安全防线

绿色食品原料既是"产"出来的，也是"管"出来的，投入品是关键。为满足基地对合规投入品的使用需求，大安市设立了7个农业投入品推荐专供点，在每个基地

村屯设立了包装废弃物回收站。基地办公室定期组织市、乡农业行政执法队伍，对农业生产资料市场开展经常性检查，对基地投入品的销售及使用情况进行专项监督，在关键农时不定期进行巡查，确保生产者不购买、不使用禁限用农药、化肥等投入品，从源头把好投入品使用关，全面提高大安市绿色食品原料的安全性。

大安市基地办公室在技术服务、监督管理、绿色食品申报等方面积极开展工作。协调技术推广部门推广稻蟹、稻渔立体种养生产技术，推广病虫害绿色防控技术；正在创建41万亩绿色食品原料（水稻）、10万亩绿色食品原料（花生）标准化生产基地；申报绿色食品企业7家。

三、技术支撑，纵深推进绿色生产

向生产主体和农资门店发放《绿色食品原料生产作业指导书》、绿色食品农药使用准则、农药化控方案等技术宣传材料。大力推广诱虫灯、赤眼蜂、生物制剂等绿色生产技术，分区域开展统防统治；邀请省级绿色食品专家对基地的各级管理人员、农业技术推广人员、企业管理人员及农户进行绿色食品知识、相关法律法规、生产技术、基地建设管理制度等专题的集中培训，各乡镇利用广播、宣传标语等进行宣传，联合农业技术推广中心及农广校开展集中授课、走村入户到田间地头指导等多种形式的宣传培训，筛选科技意识强的农民参加高素质农民培育项目，使其基本掌握绿色食品技术标准和生产操作规程，累计培训1.5万余人次，做到绿色食品家喻户晓、人人皆知。

四、培树品牌，彰显绿色产品价值

围绕原料基地加强产业集群建设，发挥基地引领示范作用，带动绿色食品产业快速发展。截至2023年末，大安市已发展绿色食品企业18家，开发产品43个，年产量3万多吨。着力推进品牌宣传，组织绿色食品获证主体参加绿色食品博览会等大型展会，加大展览展示、科普宣传和产销对接力度，提高绿色优质农产品的知名度和美誉度。

大安市将继续加大绿色食品的宣传推广力度，抓好监管，深入扎实地开展"绿色食品生产进农户"活动，普及绿色食品知识，努力提高全民对绿色食品生产的认识水平和食品安全意识；积极推动绿色食品产业延伸，确保绿色食品原料标准化生产基地建设工作顺利进行。

撰稿：吉林省绿色食品办公室　杨冬
供图：大安市农业产业化服务中心　方喜和

齐抓共管　巩固全国绿色食品原料（水稻）标准化生产基地创建成果

辉南县人民政府

吉林省通化市辉南县全国绿色食品原料（水稻）标准化生产基地，涉及全县11个乡镇，基地总面积15万亩。辉南县政府从加强基地建设、培育龙头企业、强化品牌创建、加大政策扶持、营销推介等环节全面发力，不断完善和优化产业布局，全力打造全国绿色食品原料（水稻）标准化生产基地这一国家级名片。

一、加强组织领导，成立基地领导小组

基地领导小组全面统筹辉南县绿色食品原料（水稻）标准化生产基地的各项工作。基地领导小组由县农业农村局、县财政局、县环保局、县自然资源局、县商务局、县市场监督管理局、县融媒体中心及全县11个乡镇政府组成，各单位分工协作，各司其职，全面推动基地建设管理工作。基地不断巩固各生产单元，严格落实绿色食品生产标准，每年向各生产单元发放绿色食品生产记录册1500份，如实记录全年各项生产活动以及化肥、农药等农资的使用情况。共培训基地管理人员、技术人员、企业生产管理人员、种植大户3275人，其中，县、乡、村各级管理人员510人、农业技术推广人员220人、企业生产管理人员85人、农户2460人，全面提升了基地生产水平。

二、走生态可持续发展道路，净化绿色食品生产基地

辉南县为"矿泉水之乡"，全国最大的火山口湖群流淌的水直接灌溉着长白山火山冲积平原，火山岩土壤质地疏松、土质肥沃，是栽培水稻的最佳土壤。为了保护利用好这片清水和黑土，辉南县设立了"河长制"，每条河流都有专人负责管护，全县26条河流共设有省级河长1人、市级河长3人、县级河长13人、乡镇（街道）级河长42人、村级河长122人。建立基地单元负责制，每个基地单元都有专人负责。进行高标准农田改造，安装了水稻溯源体系设备，可随时通过手机查询水稻的种植和生长过

程，施用腐熟农家肥，实施绿色防控技术，保证了米质优良。

三、坚持发展绿色农业，全面提升基地农产品质量

基地以长白山矿泉水作为灌溉水，以长白山火山矿物质土壤为栽培载体，结合稻田养蟹、养鱼、养鸭等建立辉南绿色有机稻米生产新体系。全面实施绿色防控技术，安装草地贪夜蛾性信息素诱捕器855个，太阳能智能昆虫性诱设备7台，推广性信息素防治水稻二化螟示范技术3万亩，完成飞防作业防治水稻稻瘟病8.4万亩，建立化肥绿色增效示范区4个。采用稻田养蟹、养鱼、养鸭等有机种植模式，生产的"长白山火山岩矿泉水米""绿色、有机、营养、精品大米"深受消费者青睐。

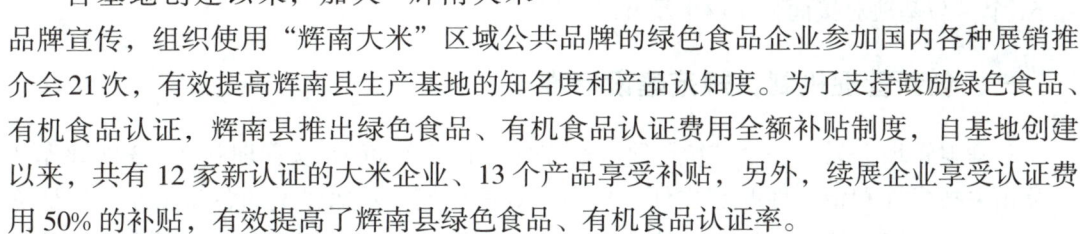

四、加强品牌宣传，增加政策扶持

自基地创建以来，加大"辉南大米"品牌宣传，组织使用"辉南大米"区域公共品牌的绿色食品企业参加国内各种展销推介会21次，有效提高辉南县生产基地的知名度和产品认知度。为了支持鼓励绿色食品、有机食品认证，辉南县推出绿色食品、有机食品认证费用全额补贴制度，自基地创建以来，共有12家新认证的大米企业、13个产品享受补贴，另外，续展企业享受认证费用50%的补贴，有效提高了辉南县绿色食品、有机食品认证率。

五、坚持多产业融合发展，实现全产业链增收

建立省级现代农业产业园创建单位核心区，将一产与二三产有机结合，在核心区内开展彩稻空间、稻田观光、农事体验等活动项目，多渠道延长产业链条。举办开犁节、丰收节等活动，让游客现场体验传统农耕文化，发展农业旅游，将狭义的传统农业发展成广义的现代化大农业。

撰稿：吉林省绿色食品办公室　岳本奇
供图：辉南县人参产业发展服务中心　秦少玉

绿色食品原料标准化生产基地建设典范

强化服务管理 助推绿色发展

舒兰市人民政府

吉林省吉林市舒兰市立足水稻主产区优势,紧紧围绕"绿色发展"这一主题,充分发挥资源优势、环境优势和特色产业优势,不断完善体系建设、强化服务管理,形成了一整套科学的管理体系和基地管理模式,绿色食品原料基地面积不断扩大。目前已建成全国绿色食品原料(水稻)标准化生产基地57万亩,分布在全市12个乡镇街道,占全市水稻种植总面积的71%。基地对接绿色食品企业22家,获绿色食品认证产品61个,与基地对接面积19.45万亩,占原料基地总面积的34.1%。

一、创新管理机制,规范建设标准

在基地管理上突出一个"统"字。一是统一制定发布15项管理制度、3项管理办法及相关技术性和指导性配套文件,科学有效地规范了基地建设的各项工作。二是统一建立基地档案,规范市级基地档案15套,梳理"七大管理体系"149项内容,单元基地乡镇级档案9套95项内容,绿色食品企业档案9套109项内容。三是统一建立管理架构,建立了技术推广服务体系架构、监督管理队伍体系架构、监督管理工作运行构架,基地技术推广服务体系和监督管理体系日趋完善,市乡两级基地办公室工作效率明显提升。四是统一推广关键技术,基地核心区实现了航化作业,绿色食品原料标准化生产基地良种普及率达到100%,测土配方施肥率达到100%,统防统治率达到90%以上。五是统一创新管理模式,农业投入品采购渠道由单渠道向多渠道转变,建立了26个农业投入品专供点,农民采购更便捷;供应方式转变为对接企业与村社联合供应的模式,目前已有15户企业实行了该模式,年补贴额在400万元以上。六是统一技术标准,推动产品提档升级。制定发布了8项"舒兰大米团体标准",构建舒兰大米全产业链标准体系,形成质量硬约束,淘汰落后产能,激发舒兰大米质量提升和转型升级的内生动力。

二、强化质量控制，提升管理水平

在服务和监管上，突出一个"严"字。成立了12个乡镇级、139个村级监管小组和技术服务队，设立26个农业投入品专供点。每年例行召开"两会三班"，即年度工作部署及生产管理工作会、企业生产管理现场会、三级技术培训班、档案管理培训班、拟申报企业培训班。每年发放技术手册和田间管理记录本4.5万套，张贴户外公告5000余份，培训农民、生产管理人员1.4万人次。共制作农业投入品公告板351块，覆盖所有基地村和投入品专供点。在域内4条主要公路干线设立原料基地标识牌7个、宣传牌3个，在吉黑高速公路舒兰段设立广告宣传牌2处。策划中央电视台第一、第四、第十七套节目宣传广告播期6个月共625次。

三、培育经营主体，促进农民增收

在培育经营主体方面，突出一个"优"字。坚持政府推动和产业化经营相结合，通过培育和调整优化产业化经营主体，不断提高农民组织化程度。通过种田大户带头和能人带动，发展家庭农场135个，组建专业合作社38个，带动农户1.2万户；引导企业通过土地流转提高集约化经营程度，共有15家绿色食品企业流转土地1.8万亩；发展订单模式，基地对接企业与农户订单种植率达100%，基地年增加产值3520万元，户均增收1079元。以舒兰市金马镇永兴水稻种植家庭农场为例，由2015年3人经营160亩，到2023年通过与外地企业联合发展到3万亩，绿色食品大米销售价格由原来的9元/千克，增加到2020年的28元/千克，产品远销中国香港、北京等9个省（区、市），成为基地龙头成功的典范。

四、实施多元投入，增强发展后劲

舒兰市在财力、物力和项目建设方面统筹安排，逐年加大投入力度，并以基地建设为核心，着力推进产业融合发展。依托全国绿色食品原料（水稻）标准化生产基地先后实施了"霍伦河现代生态农业产业园项目""溪河镇吉米稻香乡村现代有机农场项目"。其中"霍伦河现代生态农业产业园项目"投资1.68亿元打造的稻香小镇田园综合体，集农业休闲观光旅游服务、稻米科技文化普及、现代农业设施展示于一体，年接待游客逾5万人次。

撰稿：吉林省绿色食品办公室　相洋
供图：吉林省绿色食品办公室　潘鹏

提质增效　巩固绿色食品原料（水稻）标准化生产基地创建成果

永吉县人民政府

永吉县全国绿色食品原料（水稻）标准化生产基地建设地点在吉林省吉林市永吉县岔路河镇和万昌镇，基地种植规模为 18 万亩。基地建设目标是使 18 万亩绿色水稻生产全部实现标准化，依托产业化龙头企业，建立"公司＋基地＋农户"的生产管理模式，实现产业化经营，使参与基地建设的农户每年增加收入 20%。

一、生产管理体系成熟

建立完善的县、乡、村、户生产管理体系，建立完整的县、乡、村三级技术管理簿册；按照绿色食品技术标准制定统一的生产操作规程，生产操作规程下发到乡镇、村和农户，为每个农户发放绿色食品水稻生产者手册、基地投入品清单；建立"统一优良品种、统一生产操作规程、统一投入品供应和使用、统一田间管理、统一收获"的"五统一"生产管理制度。

二、产业化经营成效显著

在产业化经营上，积极拓展服务领域，组织农民与稻米加工企业签订订单。基地产业化龙头企业发展到 10 家，基地内获得全国绿色食品证书的产品数已达到 29 个，基地产业化对接率 67.28%。示范了"鸭稻共生"除草、性诱剂防治水稻二化螟等水稻病虫草害生物防治方法，以及全程机械化作业等先进技术，实现了基地水稻绿色生产。

三、现代农业服务体系及农业技术推广体系完善

由宇丰米业与县供销联社合作建立的现代农业服务中心高效运行，中心的服务项目主要有农机服务、农资供应、智能配肥等。按照集中连片、合理规划、规模发展的原则，水稻分品种实行区域化种植，积极推广生物除草、除虫等新技术，实施水稻测土配方施肥技术。

开展水稻病虫害飞防作业项目。航化作业喷施区域生产省时、省力、不误农时，作业质量好且成本低，能够间接增加农民收入。航化作业坚持选用生物制剂和微毒农药，有效保护了作业区域的生态环境，同时也提升了稻米品质。

试验田管理方面，制定了试验示范运行管理制度，明确了试验田管理人员的职责分工，绘有统防统治航化作业图、万昌和岔路河基地试验田单元图。

四、基地单元培训成效突出

基地农业综合服务中心每年组织各类技术培训班 6 期，年培训骨干农民大约 1400 人，累计培训农民约 1 万人次，发放技术宣传资料 1.2 万余份。通过技术培训，提高了广大农民的科技素质，农业新技术普及率、到位率明显提高。

撰稿：吉林省绿色食品办公室　王超
供图：永吉县农业环境保护监测站　王明忠

 黑龙江省

小木耳 大产业 推进全国绿色食品原料（黑木耳）标准化生产基地高质量发展

东宁市人民政府

东宁黑木耳是黑龙江省牡丹江市东宁市的第一品牌。经过20年的发展，东宁市黑木耳年栽培规模9亿袋，鲜品年产量64.5万吨，占全国总产量的9.1%，干品年产量4万余吨，年产值37.1亿元；绥阳国家级黑木耳大市场年交易量10万余吨、交易额60余亿元；带动从业人员4万余人，单项增加农民人均收入1.7万元，东宁市农民人均可支配收入连续17年领跑黑龙江省。

一、坚持政策扶持，规范基地管理体系

东宁市坐拥得天独厚的自然条件，森林覆盖率80%，气候温和湿润，适合黑木耳的生长。东宁市依托自然优势建设了15万亩黑木耳绿色食品原料标准化生产基地，覆盖6个镇100个行政村，建立"七大管理体系"，基地管理机构健全，人员齐备，制度完善，档案齐全，投入品有效管控，基地原料符合绿色食品质量标准。多年来，东宁市委、市政府将黑木耳产业作为市域经济发展和乡村振兴的核心内容，高度重视，强力推进。制定中长期发展规划，在技术研发、示范推广、园区建设、灭菌厂建设、产品加工、品牌培育等方面出台优惠政策，全面扶持产业发展。

二、强化标准建设，绿色优质发展

聚焦标准化建设，构建绿色发展体系，着力打造安全好产品，建成国家级示范园区1个，标准化生产基地38个，实现了生产的标准化、园区化。推进东宁黑木耳地理标志和

绿色食品标识的双标使用，共计 13 个黑木耳产品获得双标认证。针对废弃菌袋打造"赋码＋台账＋监控＋专人"的闭环管理机制，废弃菌袋集中堆放率 98%，综合利用率 100%。设置农药包装废弃物储存库 105 个，回收站点 150 个，全年回收处置 35 吨，回收率 100%。

三、创新栽培技术，助推产业发展

东宁市建成食用菌研究所 5 个，栽培技术研发全国领先。培育'黑山''德金''草优'等系列优质菌种，开展菌种筛选改良、替代料栽培、菌糠综合利用等 10 余项课题研究，独创棚室挂袋、春耳秋管、越冬耳栽培等 20 余项产业新技术，革新装袋机、窝口机、刺孔机等 30 余款菌用器械设备。先后制定黑木耳国家标准 1 项，地方标准规程 20 余项，率先研发推广了袋料栽培等 3 项当前行业主导核心技术，带动全国黑木耳产业标准化作业水平整体提升。

四、聚焦品牌宣传，提升品牌竞争力

叫响中欧互认地理标志产品品牌，成功注册国家级地理标志证明商标并荣获中国百强农产品区域公用品牌，以 860 的品牌强度位列全国区域品牌（地理标志）排行榜第十八位，蝉联全国地理标志产品食用菌类第一名。培育"山友""北域良人""顺德峰"等一批优秀企业品牌。为扩大东宁黑木耳的品牌效益，着力推进节会宣传，先后成功参与举办了 6 届黑木耳节，承办了小蘑菇新农村建设现场会、食用菌新产品新技术展销会、黑木耳产业高峰论坛、"东宁有约，与'耳'同行"东宁黑木耳百人短视频直播活动等；踊跃参加各类产业年会、论坛峰会、烹饪大赛等业界节会，加强与国内外黑木耳产学研各界的交流与合作；创办了"中国黑木耳网"，在中央电视台第二套、第七套节目介绍东宁黑木耳及其食用、药用价值，并与中国食用菌协会合作编撰出版《中国黑木耳菜谱》《黑木耳全产业链图解》等图书，打造全国农产品地理标志示范样板，大幅提升了东宁黑木耳的知名度、美誉度和影响力。

撰稿：东宁市农业农村局　史建军
供图：东宁市农业农村局　宋佳易

依托资源禀赋优势
加快发展现代绿色农业

富锦市人民政府

富锦市位于黑龙江省东北部、松花江下游南岸,地势低平,土质肥沃,天蓝水清,发展现代绿色农业的优势得天独厚。近年来,富锦市始终牢记习近平总书记的嘱托,坚持绿色发展理念,不断厚植绿色优势,使绿水青山持续产生生态效益、社会效益和经济效益,推进绿色农业高质量发展。已建成国家级绿色食品原料标准化生产基地400万亩,2023年,全市粮食总产65.17亿斤,连续八年位居黑龙江省第一。

一、坚持生态化,夯实基础,持续改善农业生产环境

富锦市以良好的生态环境为依托,严格执行"一法一例",借助科技手段保护黑土地,为发展绿色有机农业提供有力保障。一是健全完善制度机制。"一法一例"实施以来,先后制定了《富锦市黑土地保护实施方案》《富锦市黑土耕地保护利用"田长制"实施方案》等配套文件,做到目标清晰、任务明确、措施具体,切实推动黑土地保护利用、治理修复、监督管理等工作落到实处。二是稳步提升耕地质量。2023年完成耕地轮作试点111.3万亩、深松整地73.6万亩;全市秸秆综合利用率91.3%,还田利用率69.8%。建设畜禽粪污集中收集点13处,有机肥施用量110万吨,畜禽粪污综合利用率达85%以上。三是严格执法监管。科学划定"三区三线",市属永久基本农田划定面积532.9万亩。制定了《富锦市严厉打击盗采泥炭黑土专项整治行动方案》,深入排查盗采、加工、运输、贩卖泥炭黑土的行为。

二、坚持标准化,规范管理,狠抓绿色食品基地建设

优质农产品基地是现代农业发展的基础。富锦市以标准化、规模化、集群化为目标,筑牢现代农业的发展基础。一是强化设施建设。整合高标准农田建设、黑土地保护项目、深松整地、秸秆综合利用、保护性耕作、科技示范园区建设等项目政策,重点向绿色食品原料标准化生产基地倾斜,提高基地建设标准,建成黑土地保护项目、高标准农田263.726万亩,黑土地保护利用示范区213.7万亩。二是强化生产管理。按

照"五统一"模式进行生产管理，指导农户填写绿色食品基地生产手册，"两品一标"（绿色食品、有机产品、农产品地理标志）企业全部录入国家级和省级质量追溯平台，实现质量安全可追溯。结合农业托管、产业联合体开展绿色食品基地备案工作，促进原料基地与加工企业高效对接，已申报备案绿色食品基地主体290个、200.1万亩。三是强化监督管理。在农资大市场指定10个绿色食品基地生产资料专供点，公示符合绿色食品生产标准的投入品名录，强化执法检查，对基地环境、投入品、生产过程及生产档案进行全面细致的巡查检查、监督管理，确保无死角、无遗漏。

三、坚持产业化，构建品牌，绿色农业有效提高生产经营效益

以绿色有机产业为基础，落实"粮头食尾""农头工尾"工作部署，立足农产品质优、量大优势，坚定不移向农产品精深加工要效益。一是扶持龙头企业发展。以国家现代农业产业园为依托，推广"龙头＋新型农业经营主体＋基地"生产运营模式，把绿色食品基地建成龙头企业的原料生产基地，引导和支持新型农业经营主体与龙头企业通过合作经营、订单种植等方式，建立紧密的利益联结机制，既保证了绿色食品产品品质，又保护了绿色食品生产积极性。二是打造品牌闯市场。依托绿色食品原料基地，打造"富锦大豆""富锦大米"区域公共品牌，授权符合标准的企业使用"富锦大米""富锦大豆"地理标志，抱团取暖、集群发展。引导有机、绿色食品企业申请使用"黑土优品"农产品品牌，带动区域特色产业发展。"乔楚牌富锦大米"曾在第二十二届中国绿色食品博览会上荣获金奖。三是拓展销售渠道。重点培育孵化同军谷物种植专业合作社、海波家庭农场、富锦盛地土特产品销售有限公司等优秀电商企业，搭建"绿谷粮都"电商平台和电商直播基地，集全市308种优质农产品线上销售，累计销售额达到7.5亿元，让富锦市的绿色优质农产品走上了全国消费者的餐桌。

撰稿：富锦市农业农村局　王欣
供图：富锦市农业农村局　王欣

提质量 稳总量 优结构 推动绿色食品原料（水稻）标准化生产基地高质量发展

富裕县人民政府

黑龙江省齐齐哈尔市富裕县始终坚持"生态优先、绿色发展"的理念，把绿色食品产业作为生态富民的重要产业来抓，通过强化组织领导、培育市场主体、打造品牌效应等多种措施，认真组织开展40万亩全国绿色食品原料（水稻）标准化生产基地建设，绿色食品产业实现了跨越式发展。

一、成立领导组织，做到权责明确

一是成立领导组织。富裕县成立了以县长任组长、主管副县长任副组长、10多个相关单位主管领导为成员的基地建设领导小组，县、乡、村都成立了相应的领导组织，层层签订责任状，责任到人。二是县、乡、村分别成立技术指导组织，县级技术人员包乡镇，乡级技术人员包村，村级技术人员包户。三是以县市场监督管理局为主，成立质量监督组，加强农产品质量监督。四是以县农业综合行政执法大队为主，成立投入品监管组织，责任到人。

二、改善基础设施，保护基地环境

一是加大环境监测力度，县环保部门对基地环境质量进行了多次检测，空气、土壤、水质均达到国家二级标准，完全符合绿色食品产地标准。二是做好农药包装废弃物有效回收。全县注册并备案村屯级回收站点148个，每年回收包装废弃物超100吨。三是完善基地综合设施。做到了全部大中棚育苗，还建有11个水稻智能催芽车间，实现智能催芽全覆盖。基地内道路平坦畅通，排灌设施齐备，渠系分明，灌溉水源充足洁净。四是各种类型农机具完整、齐全配套，水稻生产耕种收机械化水平达到100%。

三、加大执法力度,加强投入品监管

一是强化宣传,积极引导。通过发放宣传资料、悬挂宣传条幅、开展培训等手段宣传法规政策。二是强化检查,认真抽样。执法人员在全县范围内对肥料和农药逐一进行核查,每年检查近100个品种,共抽取肥料和农药样品近100个批次。三是严格执法,净化环境。为保证农民购买到放心农资,加大执法力度,每年春季开展专项整治行动,净化农资市场。

四、龙头企业拉动,推动产业化发展

富裕县实行"龙头企业+基地+农户"的发展模式,4家企业与基地对接面积达到18万亩,占全县40万亩基地面积的45%。全县年产优质水稻30万吨,年加工水稻10万吨,年生产优质大米7万吨。4家绿色食品大米企业有53个产品,以"天箭泉""百亩香""七月仁禾"等品牌为代表的富裕县大米畅销北京、上海、广州等大中城市,深受广大消费者欢迎。农户在龙头企业的带动下,解决了产品销售难的问题,做到了互利共赢。

绿色食品原料(水稻)标准化生产基地的创建,进一步提高了富裕县绿色食品水稻生产规模化、标准化、产业化水平,有利于打造一流的水稻品牌,增强农产品市场竞争力,增加农民收入,将引领富裕县走上一条绿色、生态、有机的特色发展之路。富裕县始终坚守发展和生态两条底线,按照转型发展、绿色发展、融合发展的路径,唱响质量兴农、绿色兴农、品牌强农主旋律,全力谱写绿色发展新篇章。

撰稿:富裕县农产品质量检验检测站　张娇
供图:富裕县农产品质量检验检测站　马金友

绿色食品原料标准化生产基地建设典范

发展规模化标准化品牌化"大基地"助推农业增产农民增收农村增效

甘南县人民政府

近年来，黑龙江省齐齐哈尔市甘南县牢固树立绿色发展理念，将发展绿色食品原料标准化生产基地作为推动现代化大农业加速发展的突破口，创新思路、强化举措，"七大管理体系"日趋完善、绿色兴农成效凸显。2023年，在绿色食品原料标准化生产基地辐射带动下，全县粮食产量增长3%、农村人均可支配收入增长8.9%、农业总产值增长9.2%。

一、坚持高位推动，构建执行有力的组织管理体系

甘南县50万亩绿色食品原料（水稻）标准化生产基地涉及甘南镇、长山乡等7个基地单元、3978户农户。为保障生产基地建得好、管得好，甘南县成立了由县长任组长的基地创建管护领导小组，行业部门联合成立了基地技术组、质量监督组、投入品监管组，乡村两级成立基地创建管护专班，切实形成了三级联动、齐抓共管、协同推进的工作格局。

二、坚持建管并重，构建完备达标的基础设施和环境保护体系

甘南县将生产基地纳入黑土耕地保护示范区，统筹安排工程建设、黑土地保护等不同渠道资金用于基地基础设施提升。在生产基地设立耕地质量固定监测点15个、布设病虫草害监测点30个，在生产基地周边村屯配备智能农药包装废弃物回收箱40台，规划建设8个区域性粪污处理中心、6个预处理中心，全力推动生产基地生态环境持续向好。

三、坚持整章建制，构建科学高效的生产管理体系

甘南县发布了《甘南县绿色食品原料水稻标准化生产技术操作规程》《绿色食品原料生产技术要点》等，依托农业生产社会化服务组织、农民专业合作社等，生产基地统一优良品种、统一生产操作规程、统一投入品供应和使用、统一田间管理、统一收

获，实现了规模化、标准化。

四、坚持执法监管，构建规范有序的投入品管理体系

为保证农民用上放心农资，甘南县采取分区包片、县乡联动、责任到人的方式，常态化开展全覆盖执法检查，并选定规模大、品种全、信誉好的农资经销店，设立生产基地投入品专供点，有效保障了基地投入品使用安全。

五、坚持培训示范，构建指导到位的技术服务体系

坚持采取请上来与走下去相结合、集中与分散相结合的培训方式，持续加大基地内合作社、家庭农场、种植大户的培训力度，加快推动绿色食品生产技能和生产新技术在农村迅速普及，实现了户均拥有一位绿色食品生产明白人的农技服务目标。

六、坚持常态检查，构建严密有效的监督管理体系

建立"以技术标准为基础，质量认证为形式、标志管理为手段"的质量保障体系，推行全程标准化生产和监管模式，县、乡、村三级均成立监督管理组织，负责区域内基地建设的检查、监督等工作，有效保障了绿色食品原料标准化生产基地创建工作顺利实施。

七、坚持链式发展，构建联结紧密的产业化经营体系

始终把扶持龙头、拉动基地、产业化运营作为推动绿色发展的有力抓手，积极探索"龙头企业＋技术服务＋基地＋农户"模式，引导产销一体化企业与基地创建单元、农户开展订单合作，依托企业申请获批 43 个大米类绿色食品，极大拉动了水稻产业的蓬勃发展。2024 年，获批参与寒地粳稻国家优势特色产业集群建设。

撰稿：甘南县农业农村局　高春雨
供图：甘南县农业农村局　程守全

建好"大基地" 创优"大产业"
助力现代农业高质量发展

海伦市人民政府

黑龙江省绥化市海伦市持续推进绿色食品原料标准化生产基地向产业化、区域化、精品化、品牌化发展，构建与现代化大农业融合发展的绿色食品产业体系，延长产业链，提升价值链，把绿色优势变成经济优势，助力绿色食品产业提档升级。

一、组织管理体系和服务体系健全，推进基地建设良好运行

市、乡、村三级设立领导小组和管理办公室，职责明确，各基地单元管理员落实到人，确保日常事务及时办理，提升工作效率，问题能够快速及时反馈。农业技术推广工作实行市级技术人员包乡和乡级技术人员包村，村里培养种田能手和技术带头人。各级机构人员齐抓共管，保证基地建设高质量发展。

二、以"五良"措施为抓手，夯实绿色食品生产基础

以良种、良田、良机、良法、良制"五良"措施为抓手，不断加快绿色原料基地优势释放。在良种培育方面，不断推进种业振兴，加强良种育繁推体系建设，重点研发高营养、高食味值的品种。在良田打造方面，以提升优质粮食等主要农产品产能为目标，坚持高标准农田建设、侵蚀沟治理和农田防护林建设"三位一体"统筹推进。在良法应用方面，加快推广绿色有机、水稻智能催芽、大垄双行密植、深翻秋整地等新技术、新模式。在良制经营方面，通过加强垦地合作，扩大土地规模经营和全程社会化托管服务面积，构建科学合理轮作制度，以"良制"增加产能并提高生产标准，实现节本增效。在"良机"装配方面，不断提升智能化、专用型设备水平，农机总动力达到178万千瓦，拥有农机具9.3万台，其中100马力（1马力≈735.5瓦，全书同）

以上拖拉机 3200 台，农业机械化作业率达到了 98.5%。

三、创优"大产业"，打造"大品牌"，为农产品加工业发展提供集群服务

海伦市积极推进农产品加工业由分散布局向集群发展转变，形成更有韧性和竞争力的产业链、供应链、价值链，采取多种行之有效办法，全力扩大产业集群规模效益。海伦市争取水稻产业强镇项目，为农产品加工迅速扩容、提质、增量注入了强大动力，通过产业政策扶持，带动企业增加投资、提高产能。

海伦市高度重视农产品区域品牌和产品品牌打造，利用各类展会、媒体、电商等有效载体，积极对外宣传推介。"海伦大豆""海伦大米"获得地理标志认证，海伦市绿色食品企业数量达到 30 家，绿色食品产品数量达到 114 个，"黑土优品"品牌企业数量达到 11 家。

四、突出产业延链强链，促进产业经济效益提升

基地生产能够与龙头企业有效对接，呈现绿色食品水稻精加工能力强的产业优势，不断加强销售平台与外部市场打造，为农副加工产业找到良好的销售终端，实现了种加销全产业链发展。优质绿色产品吸引众多电商企业集聚，抖音直播带货，832 平台（脱贫地区农副产品网络销售平台）大力帮扶，淘宝、京东，拼多多等平台强力推荐，销售形势火爆。海伦市在原有省级经济开发区基础上，又新建了 42 万米^2 的农产品加工产业园，为农副产品加工企业投资建厂、集群集聚发展提供了有力的承接载体。

撰稿：海伦市农业农村局　衣应举
供图：海伦市农业农村局　赵淑华

绿色食品原料标准化生产基地建设典范

解析绿色食品原料优势 塑造标准化生产典范
桦川县人民政府

黑龙江省佳木斯市桦川县委、县政府以创建一流绿色食品原料标准化生产基地为目标，全力推进绿色食品技术标准和生产操作规程的实施，实现环境、品种、投入品、生产等全过程标准化管理，为绿色食品加工企业提供优质原料，切实推进绿色食品产业转型升级，为全县经济社会发展作出更大贡献。

一、聚焦基础设施和环保体系建设

一是加大基地基础设施建设。桦川县把绿色食品原料基地建设与高标准农田建设、黑土地保护等项目有机结合，目前全县已建设高标准农田100.25万亩，通过项目的实施，不断推进绿色食品原料基地农田水利设施进一步完善，为绿色食品原料生产提供了坚实的基础设施保障。

二是加强畜禽养殖废弃物资源化利用，结合畜禽粪污资源化利用整县制推进项目，持续推进绿色有机食品生产基地使用畜禽养殖废弃物沤制的有机肥料，综合利用率达86%。

三是加强农药包装废弃物回收管理。建立村级农药包装废弃物回收站105个，实现基地行政村全覆盖，为绿色食品原料基地提供源头治理。

四是建立农情信息采集机制。近3年建设省级乡村农作物重点病虫害监测网点10个，乡村农作物一般病虫害监测网点24个，订购安装节药喷头体2150套。

二、加大投入品管理体系建设

持续开展绿色食品培训活动，建立农业投入品管理制度，杜绝高残留农药进入市场。依托全国县级综合检测能力水平最强的质检中心，把好投入品安全关。不断加大对基地投入品监督检查力度，从源头上控制农业投入品的来源及流向，在备耕、春播、夏管、秋收等关键时期，开展联合执法检查，杜绝禁用、限用的投入品在原料基地出现，确保绿色食品原料基地投入品的安全使用。

三、壮大技术服务体系建设

抓住桦川县与中国农业科学院合作的有利契机，合作建立玉米免耕播种、大豆大垄密植技术模式，累计筛选优质新品种6个，推广绿色生产关键技术23项，每亩节本增收120～150元，玉米密植高产全程机械化集成技术模式连续刷新我国玉米高产纪录。对保护性耕作栽培模式进行测产验收，2024年，共派出专家20余人次，与当地农业技术人员和种植大户一起，进行"田间课堂"技术指导，与"科技下乡""新型职业农民培训""农村致富带头人培训"相结合，对基地农户和基地管理人员进行技术培训。

撰稿：桦川县绿色食品发展中心　姜增辉
供图：桦川县绿色食品发展中心　姜增辉

提质量 稳总量 优结构
拓宽紫苏产业通道 加快绿色食品产业崛起

黑龙江省桦南林业局有限公司

近年来，黑龙江省桦南林业局有限公司以"七大管理体系"建设为遵循，依托丰富的森林资源优势，大力发展紫苏种植、精深加工等产业项目，着力把紫苏种植优势转化为产业优势和经济优势，打造出了集产品研发、精深加工、销售、进出口于一体的全产业链条，紫苏产业规模不断扩大。

一、强化组织领导，完善产业基础

黑龙江省桦南林业局有限公司绿色食品原料标准化生产基地总建设规模3万亩，涵盖14个紫苏种植基地单元。黑龙江省桦南林业局有限公司针对紫苏产业，组织成立了紫苏产业办公室，全面统筹管理林区紫苏产业的基地建设、生产安全、质量管控。经过多年的发展壮大，桦南林区已是黑龙江省最大的紫苏产区和交易集散地，为全国紫苏加工产业提供了优质原料，成为黑龙江省桦南林业局有限公司经济增长的新引擎。

二、坚持生态发展，保护基地环境

黑龙江省桦南林业局有限公司针对绿色食品原料标准化生产基地的管理，严格落实基地环境保护制度，强化基地建设管理，常态化开展投入品监督检查，加强基地周边水资源保护，严控区域内生产建设活动，杜绝工业"三废"和生活垃圾等污染源。同时，在14个基地单元建立了绿色食品技术宣传栏，对允许使用的投入品进行了公示。每年针对基地建设情况开展专项检查，确保基地生态环境达标。

三、强化技术指导，提升监管水平

黑龙江省桦南林业局有限公司积极与东北农业大学、黑龙江中医药大学等科研院校建立合作关系，建立实训基地和人才培养基地，以强化创新科技为导向，在紫苏种质资源保护、种子种苗基地构建、优势种植技术推广、病虫害防治、水肥一体化管理等方面开展指导与培训，为紫苏产业的发展提供了技术支撑。

四、延长产业链条，拓宽发展空间

近年来，黑龙江省桦南林业局有限公司在现有基础上将紫苏全产业链与多种项目进一步发展融合，把紫苏种植优势转化为产业优势和经济优势，由销售"原字号"产品转型为注重产品的精深加工，切实把"粮头食尾"落到实处。现已建成紫苏保健品、紫苏油、紫苏米、紫苏月饼、紫苏代餐粉等6条生产线，研发生产紫苏系列产品120款，紫苏产业规模不断扩大。

撰稿：黑龙江省桦南林业局有限公司　刘宏伟
供图：黑龙江省桦南林业局有限公司　刘宏伟

护生态 重科技 强产业
推进绿色食品原料标准化生产基地高质量发展

集贤县人民政府

近年来,黑龙江省双鸭山市集贤县全力建设绿色食品原料标准化生产基地,取得了显著成效,全县绿色食品原料标准化生产基地面积共 100 万亩,2023 年全县粮食总产量达到 17.86 亿斤,农业总产值实现 28.09 亿元。

一、加大工作落实力度,以组织化推进基地建设

集贤县绿色食品原料标准化生产基地涉及 8 个乡镇、155 个村、1.7 万户农户。为落实好这项涉及面广、环节多的系统工程,集贤县成立了基地建设领导小组,以县长任组长,主管农业的副县长任副组长,县农业农村局、生态环境局、财政局等 10 个单位的一把手为成员。领导小组和基地办公室定期开展基地建设工作会议,强调把基地作为农业绿色发展的核心区,优先推广绿色防控、有机肥替代化肥、种养循环发展等技术,加强绿色生产资料在基地的推广应用,从生产源头保障基地农产品质量。相关部门各负其责,形成了齐抓共建、协调推进的工作格局。

二、加强基础设施投入,以生态化推进基地建设

狠抓农田水利建设和环境保护,努力改善生产条件和环境质量,保证绿色食品标准化生产基地建设质量和水平。一是保证绿色食品原料基地隔离带种植树木,产地周围 5 千米,且主导风向的上风向 20 千米内无污染源。二是基地设施相互配套,生物肥、有机肥和农家肥搭配使用。绿色食品种植基地全部做到科学种植、科学轮作。三是乡镇村屯设立废弃农药包装物回收站点,全县共设立回收站点 144 个,其中基地生产单

元内共设立回收站点 83 个，对农药废弃包装物进行统一回收、统一处理。四是推进高标准农田建设与绿色食品原料标准化生产基地建设有效衔接，基地良种覆盖率 100%，粮食综合生产能力大幅提升。目前全县已建成高标准农田 74.3565 万亩，占全县耕地面积的 40.78%。

三、提高农民整体素质，以科技化推进基地建设

在绿色原料标准化生产基地建设中，集贤县坚持突出科技化发展，提高农民整体素质。一是依托集贤县农业技术推广中心，建设了绿色食品生产技术推广专员队伍，每年至少开展 2 期对基地乡村级管理人员和农户的培训，力争绿色食品基地的每个农户都有一位种植明白人。二是实行标准化作业，采用统一的生产方案和技术标准，提高作业标准和质量，做到生产技术规程和田间管理档案户均一套，引领农民由传统粗放农业向现代绿色精准农业转变。三是依托黑龙江飞龙种业有限公司科研育种基地，针对东北地区的生产实际情况，重点培育适于大面积精准化栽培和机械收获的新品种并推广应用。

四、跳出基地发展基地，以产业化推进基地建设

集贤县从抓产业的高度抓基地建设，采取"龙头企业 + 基地 + 农户"的运作模式，走出了一条跳出基地发展基地的道路。一是坚持基地建设与企业需求相结合，为龙头企业稳定供应绿色食品加工原料，支持企业通过合同订单等形式与农户建立风险共担、利益共享的机制。二是坚持基地建设与产品认证相结合，大力实施品牌战略。为提高集贤县绿色食品的知名度，扩大国内市场占有率，集贤县加大了绿色食品认证力度。目前，全县共有市级以上农业产业化龙头企业 5 家，地理标志农产品 3 个，13 家企业的 25 个产品获得绿色食品认证。

撰稿：集贤县农业农村局　李亚南
供图：集贤县农业农村局　谭爽

全力打造绿色食品原料（水稻）标准化生产基地 促进农业高质量发展

佳木斯市郊区人民政府

黑龙江省佳木斯市郊区委、区政府坚持将绿色食品原料标准化生产基地建设工作作为农业高质量现代化发展的重要抓手，高规格、高质量、高效率推进建设工作，全力打造绿色食品品牌，做大做强绿色食品产业，推进绿色食品事业持续健康发展。

郊区2012年创建成功全国绿色食品原料（水稻）标准化生产基地，基地面积50万亩，辐射全区11个乡镇。全区通过认证的绿色食品、有机食品企业共计11家，其中，省级产业化龙头企业2家、市级产业化龙头企业1家，绿色食品、有机食品产品达到71个。

一、加大投入，促转型

为确保基地建设工作顺利开展，区、乡两级不断加大资金投入力度。区政府拨付工作经费10万元，用于基地制作各类标牌、印刷技术资料、开展宣传培训等；整合相关涉农项目资金，通过高标准农田建设、黑土地保护、病虫害防治等项目，有效促进基地创建工作顺利开展。同时，为进一步加强基地的环境保护，基地办公室制定了《郊区绿色食品原料标准化生产基地环境保护制度》，并委托第三方企业，对基地土壤环境进行专项检测，检测结果全部合格。

二、标准生产，促发展

基地办公室制定下发了《绿色食品发展规划》和《基地管理办法》，统一设置了基地标示牌，绘制了基地分布图、地块分布图，并对基地田块进行统一编号；健全

了区、乡、村、户各级生产管理体系，制作了技术明白纸和《农户使用手册》2000余份。印发了《郊区绿色食品原料标准化生产基地"五统一"生产管理制度》《郊区绿色食品原料标准化生产基地农业投入品管理制度》《农业投入品公告制度》《郊区农业投入品市场准入制度》，建立农业投入品专供点，对基地农业投入品进行连锁配送和服务。从40余家农药种子经销店中选出

2家信誉好、讲诚信、经济实力强的经销店作为绿色食品原料基地投入品专供店。

三、强化服务，促提升

依托农业技术推广机构，组建基地建设技术小组，建立区、乡、村三级技术服务队伍，建立了示范乡镇、示范村和示范户，推进基地生产标准化、管理规范化进程。印发《郊区绿色食品原料标准化生产基地管理人员培训制度》，组织基地建设领导小组成员、生产管理人员、技术推广人员、产业化经营单位负责人参加绿色食品相关知识的培训。印发了《郊区绿色食品原料标准化生产基地农户培训制度》，每年对基地农户进行2次以上绿色食品生产技术培训。

四、加强监管，促运行

印发了《郊区绿色食品原料标准化生产基地监督管理及检验检测制度》《郊区绿色食品原料标准化生产基地监管队伍及工作职责》《基地农产品质量追溯制度》并有效运行，在每年备耕、春播、夏管、秋收等关键时期进行监督检查，做到动态监控和过程监督。

撰稿：佳木斯市郊区绿色食品发展中心　侯雪
供图：政协佳木斯市郊区委员会　刘文军

立足优势　狠抓落实
全面推进绿色食品原料标准化生产基地建设

龙江县人民政府

黑龙江省齐齐哈尔市龙江县人民政府始终坚持绿色发展优先的原则，立足地域、基础、资源等优势，围绕绿色食品基地建设的"七大管理体系"，科学谋划，狠抓落实，全面推进绿色食品原料标准化生产基地建设，取得了较好的成效。

一、立足产业优势，突出基地建设重点

龙江县人民政府审时度势，紧紧抓住全县玉米、水稻、杂粮等作物种植面积大、单产水平高、产品质量好的产业优势，突出绿色食品原料标准化生产基地建设工作重点，通过成立专项组织、健全服务体系、增加资金投入、强化政策宣传、加强监督管理等综合性措施，强力推进，取得了明显成效。目前，龙江县已建成全国绿色食品原料标准化生产基地290万亩，占全县农作物播种面积的55.7%，其中，玉米基地245万亩，水稻基地40万亩，杂粮基地5万亩，共计带动农户6.2万户。

二、建立健全体系，强化基地技术支撑

龙江县绿色食品原料基地技术服务体系健全，县级管理机构绿色食品发展中心为隶属县农业农村局的独立副科级事业单位；14个乡镇均设置2人以上的专兼职工作人员，每个行政村均配置1名以上的技术人员，每个绿色食品生产企业至少配置1名内检员，全县绿色食品原料基地技术人员总数达到200多人，从而建立了一支县、乡、村、企业配套，运行顺畅有序的技术服务队伍。技术人员围绕着基地建设，采取政策宣传、现场指导、技术培训等多种方式，开展送良策、送标准、送技术、送效益活动，培养了一批懂技术、会管理、善经营的技术明白人，为绿色食品原料标准化生产基地的建设提供了强有力的技术支撑。

三、强化监督服务，保障基地高效发展

采取"政府+基地+企业+成员单位"的管理模式，从健全规章制度入手，突出制度机制的落实，进一步规范基地的建设与管理；以联合执法为手段，加强农业生产资料市场监管，净化农业生产资料经营与销售市场，严厉打击销售和使用禁限用农业生产资料的违法行为；以生态治理为切入点，不断改善基地周边生态环境；以项目实施为契机，推进高标准农田建设、黑土地保护、绿色种养循环等项目建设，切实完善基地水、电、路、桥等基础设施；以规范发展为重点，建立健全农业生产资料企业经营销售台账、生产管理手册等档案，实现了全程监管留痕。

四、突出品牌建设，拉动基地发展壮大

通过扶持企业挖潜扩能、培育品牌，推动龙头企业不断提档升级；充分依托绿色食品品牌的纽带作用，积极推进绿色食品生产企业与基地有效对接，拉动基地高质高效发展，促进基地产品由"种得好"向"卖得好"转变。目前，全县共有绿色食品认证企业14家，认证绿色食品产品74个，登记地理标志农产品1个。企业订单对接绿色食品原料基地面积148.02万亩，占绿色食品原料基地总面积的51.04%。

撰稿：龙江县绿色食品发展中心　关忠仁
供图：龙江县绿色食品发展中心　付金龙

绿色食品原料标准化生产基地建设典范

调结构　强产业　促增收
推进绿色食品原料标准化生产基地高质量发展

宁安市人民政府

黑龙江省牡丹江市宁安市坚持"打特色牌、走绿色路",坚定不移推进绿色兴农、品牌强农,积极推进农业供给侧结构性改革,加快培育农业发展新动能。

一、打造稻米高端品牌,提升产业综合效益

突出品牌创建,加强品牌建设力度,积极发展绿色食品、有机食品和地理标志农产品,打造宁安稻米高端品牌,进一步扩大市场影响力,实现品牌增值。以市场需求为导向,积极发展区域、品质、功效等特色鲜明的地方特色产品,促进稻米产业提档升级,增加优质绿色产品供给。突出标准化生产,从产品标准入手,完善一批标准体系、打造一批标准化示范基地、健全一套质量管理制度,进一步提升宁安市稻米产业综合效益和竞争力。

二、探索利益联结机制,联农带农利益共享

积极探索完善多种利益联结机制,激活生产要素和经营主体,让龙头企业更好地发挥带领农民增收致富、实现小农户与现代化农业大生产之间的有机衔接。以"龙头企业+农户""专业市场+农户""销售大户+农户"及"合作组织+农户"等多种产业化经营形式发展稻米生产,提升品质,增加优质品种供给,满足个性化、多元化需求。推进产销衔接,依托农业产业化龙头企业,搞好农企对接,探索合同式、订制式生产,促进优质优价,实现一二三产业融合,提升全产业链发展水平。

三、深化项目综合改革,注重新业态带动

深化项目区综合配套改革并放活改革自主权,切实发挥创建资金的带动效应,在项目重点区域率先树立起现代农业发展理念。链接不同类型农业服务主体,形成具有地域特色的农业生产经营

服务体系。运用"互联网+农业"技术,加快农业物联网工程实施,搭建智慧农业平台。提升玄武湖农业公园、小朱家村等响水大米核心产区休闲农业品位,鼓励和引导农户发展乡村旅游、特色民宿、民俗展示等特色旅游项目,促进稻米旅游产品的销售,引领农民增收致富。

四、拓宽融资渠道,加大资金投入

集中发挥财政资金的引领作用,整合使用涉农资金。通过项目资金补贴,鼓励有积极性的企业、合作社、家庭农场及种养大户申报绿色食品、有机食品、名特优新农产品等。建立农村金融扶持机制,加大金融系统支持现代农业发展的力度,积极开辟融资渠道,创新农业金融服务机制,建立农业保险机制,拓宽农业政策保险覆盖面,最大限度化解经营风险。

五、加强人才培训,强化技术支撑

实施农业标准化生产,因地制宜组织技术培训,强化技术指导,提高科学种田水平,提升农产品质量档次。加强人才培养和引进,设立专项经费引导企业等经营组织,引进科技人才与经营人才,为全市现代农业发展奠定坚实的人才基础。建立实用型人才培养机制,稳固农业技术人才队伍,采取资金补贴方式促进其技术引领作用的发挥。

撰稿:宁安市农业技术推广中心　曲冰冰
供图:宁安市农业技术推广中心　曲冰冰

绿色食品原料标准化生产基地建设典范

生态优先 绿色发展
打造高标准绿色食品原料（水稻）标准化生产基地

铁力市人民政府

近年来，黑龙江省伊春市铁力市坚持生态优先、绿色发展，把全国绿色食品原料标准化生产基地建设作为推进农业高质量发展的重要抓手，打出"一系列组合拳"，变"绿"成金，成功创建全国绿色食品原料（水稻）标准化生产基地30万亩，获批创建国家乡村振兴示范县、农业现代化示范区，荣获国家级"农产品质量安全县"称号，为加快农业农村现代化、推动乡村振兴注入强劲动力。

一、打好组织保障的"组合拳"

铁力市拥有30万亩全国绿色食品原料（水稻）标准化生产基地，基地单元分布在7个乡镇，涉及58个行政村。市政府成立了市长任组长、分管农业副市长为副组长的铁力市全国绿色原料（水稻）标准化生产基地领导小组，明确了8家成员单位的工作职责以及7个基地单元的责任人，并逐级签订了目标责任书，确保基地建设工作层层落实有主体，形成了"目标明确、职责清晰、协同联动"的良好工作格局。健全市、乡（镇）、村三级组织管理体系，加强对基地环境、生产过程、投入品使用等的监督检查，鼓励单元之间和农户之间不定时地进行单元交叉检查，举报违规生产行为。

二、打好种植基础的"组合拳"

结合区域内积温、土质、水分、光照等优势，坚持利用铁力市良种场繁育优良水稻品种，从源头上保证种子质量，优良品种覆盖率达到100%。同时，在基地单元推行

"统一优良品种、统一生产操作规程、统一投入品供应和使用、统一田间管理、统一收获"的"五统一"生产管理制度，并探索打造"互联网＋农业"现代化智慧农业，采取手机 App 农业可追溯系统，对水稻耕作进行全程监控和管理，保证了绿色有机水稻各个生产环节的安全可靠，从根本上严把大米质量关。铁力大米多次参展中国绿色食品博览会和哈尔滨国际经济贸易洽谈会，获得了"放心米"称号和中国绿色食品博览会金奖等荣誉。

三、打好链条延伸的"组合拳"

以提高农业效益和绿色食品附加值为核心，坚持把产业链条延伸作为推进绿色食品产业发展的重要抓手，积极引导对接企业参与基地建设，提高资源利用率，强化利益联结，延伸服务链条，加快构建绿色农业发展体系。积极探索并大力推行"企业＋基地＋农户""公司＋基地＋合作社＋农户"和土地托管等生产管理模式，全市共发展绿色食品企业 12 家，绿色食品认证产品 37 个，基地产业化对接率达到 83%。帮助企业拓宽销售渠道，组织涉农企业参加哈尔滨绿色食品博览会、中国国际农产品交易会等全国性大型展会，通过举办铁力平贝母节、农民丰收节等节庆活动，搭建绿色食品企业展示成果、推介产品的广阔舞台，汇集支持绿色食品产业发展、提升铁力产品影响力和竞争力的强大合力。

撰稿：铁力市农业农村局　王旋
供图：铁力市融媒体中心　刘青山

强化质量监管　确保基地持续健康发展

通河县人民政府

自创建全国绿色食品原料（水稻）标准化生产基地以来，黑龙江省哈尔滨市通河县严格按照基地建设要求，加强对基地生产管理、质量控制、追溯体系等的监管，确保基地建设持续健康发展。

一、加强组织领导，大力推进绿色食品基地建设

成立基地建设工作领导小组，由县长任组长，县农业农村局、财政局、水务局、各乡镇为成员单位，基地办公室设在农业农村局，各成员单位抽调骨干力量负责基地技术服务体系和质量保障体系的建立，并承担基地日常管理和协调工作。基地建设工作领导小组负责绿色食品原料（水稻）标准化生产基地的生产管理、协调和全程质量控制。基地各相关乡镇以一把手为基地负责人，农业服务中心干部为具体工作人员，各乡镇、村明确基地建设责任人和具体工作人员及其责任。县农业技术推广中心、执法大队负责指导基地生产单元农户严格按照绿色食品原料生产技术规程开展水稻种植生产。

二、强化服务质量，提高基地建设服务保障能力

成立由县农业技术推广服务中心技术人员以及各乡镇、村技术服务队伍组成的通河县全国绿色食品原料（水稻）标准化生产基地建设技术服务三级技术队伍，明确人员，明确职责，明确建设目标。加强对基地生产人员、技术推广人员和加工企业人员的技术指导，全面落实配方施肥、病虫害统防统治等标准化生产技术。每年冬春，与"科技下乡""科普之冬"和新型职业农民培育工作相结合，开展技术培训工作。2024年度共开展培训3次，培训人员1500余人次。

三、规范基地管理，健全绿色食品基地监管体系

一是基地办公室与各基地所在乡镇签订了绿色食品生产技术、产品质量保证责任书，建立了目标管理责任制，将绿色食品原料（水稻）标准化生产基地创建工作纳入各乡镇农业和农村工作考核范畴。二是根据生产管理要求，抽调县市场局、生态环境局、市场监督管理局、农业综合执法大队等单位人员成立监管大队，对绿色食品原料（水稻）标准化生产基地的生产过程、基地环境、投入品使用和档案管理等进行多次抽查，一旦发现问题，立即纠正，确保了产品达到标准要求。县农业综合执法大队采取定期检查与临时抽查相结合的方式进行检查，杜绝了绿色食品生产禁限用农药进入生产基地。

四、延伸产业链条，积极推进产业化经营发展

通河县绿色水稻种植面积达到55万亩，绿色食品生产企业14家，认证绿色食品36个。产业化龙头企业共5家，其中，国家级1家，省级2家，市级2家。基地生产的水稻由乡镇牵头，分别与通河县双利米业、迎春粮油、圣辉米业、龙轩农业等企业签订收购合同，实施订单生产、产业化经营。

撰稿：通河县农业农村局　赵佳宇
供图：通河县农业农村局　吕晓倩

绿色食品原料标准化生产基地建设典范

强化领导　科学管理　全力推进绿色食品原料（大豆）标准化生产基地高质量发展

望奎县人民政府

黑龙江省绥化市望奎县委、县政府坚持高标准建设绿色食品原料（大豆）标准化生产基地，全力打造望奎县绿色食品产业，优化绿色食品生产布局，深化农业结构调整，发展高产、优质、生态、安全的绿色有机农产品。

一、强化组织领导，建立健全管理体系

望奎县委、县政府高度重视绿色食品原料（大豆）标准化生产基地的发展工作，成立了以县长任组长，副县长任副组长，县农业农村局、生态环境局等部门一把手组成的基地领导小组，领导小组办公室设在县农业农村局。建立健全基地发展目标责任制考核办法，县、乡、村三级层层签订了责任书，细化量化了考核指标，并把考核指标纳入全县干部考核体系。

二、强化科技培训，建立健全技术服务体系

建立健全县、乡、村技术服务体系，结合科技入户工程等培训项目的实施，将绿色食品生产管理技术培训纳入培训内容，采取聘请专家授课等形式，对基地生产管理人员、技术推广人员、农户进行绿色食品知识培训。

三、加大执法力度，建立健全投入品管理体系

种子、化肥、农药等生产投入品的标准化程度是绿色食品生产的关键要素。基地领导小组联合县市场监督管理等部门对基地内的生产投入品市场进行监督检查，制定

下发了《望奎县绿色食品原料标准化生产基地农业投入品管理办法》《望奎县绿色食品原料标准化生产基地农业投入品公告制度》，公布了基地允许使用和禁限用的农药名单。不定期对绿色食品基地投入品专供点开展检查，从源头上有效管理投入品的使用。

四、严格生产管理，建立健全质量安全体系

加强基地的生产管理，提高原料生产质量，重点突出4个方面的管理。一是加强标准化生产管理。县农业技术推广中心制定了《望奎县绿色食品原料（大豆）标准化生产技术规程》，通过举办技术培训班，对农户进行指导培训。二是加强生产体系建设管理。按照集中连片、合理规划、规模发展的原则，按品种实行区域化种植，基地良种普及率达98%以上。三是加强单元建设管理。基地建立"五统一"生产管理制度，有效组织农户生产。四是加强基地监督管理。对基地建设环境进行定期检查和不定期抽查，同时，聘请责任意识较强的农民担任生产监督员，适时监督管理生产过程，有效防范了违禁农药的使用。

五、以大基地建设为突破口，大力实施绿色食品产业战略

望奎县委、县政府高度重视基地建设，把标准化基地建设作为促进社会主义新农村建设的重要手段，狠抓各项工作的落实。大力实施订单农业，积极引导扶持绿色食品生产加工企业，加强产销衔接。以强化各种管理档案建设为突破点，严格执行各类技术标准及规范，建立健全质量安全追溯制度。积极转变政府职能，强化服务意识，带领广大农户建协会、闯市场、促营销、活流通，重点围绕产品深加工发展大豆产业，有力促进了县域农业经济的发展。

撰稿：望奎县农业农村局　贾晓亮
供图：望奎县农业农村局　刘哲

明机制　强支撑　优环境　拓销路
打造绿色食品原料标准化生产基地"生态县"样板

逊克县人民政府

逊克县隶属黑龙江省黑河市，行政辖区面积 17344 千米^2，是全国 100 个商品粮基地县之一，素有"全国生态第一县"之称。逊克围绕"生态立县"发展思路，主打绿色农业品牌，已建成全国绿色食品原料（大豆）标准化生产基地 100 万亩，正在推进 140 万亩大豆、玉米基地创建工作。2024 年，获批创建全国绿色食品（绿色优质农产品）高质高效试点。

一、在长效机制上下功夫，夯实基地管理体系

成立领导小组，县政府主要领导带头安排部署，完善农业农村、财政、市场等部门协调联动机制，领导小组下设综合管理组、技术服务组、物资保障组、质量保障组和监管督查组，明确各部门职责，细化任务分工，形成了横向到部门，纵向到乡镇、村屯的高效工作格局。以形成长效机制为抓手，重点解决"重建轻管""对接不紧"等问题，有针对性地制定提出了基地专项检查、质量追溯、基地企业退出等 6 个解决措施，建立和完善基地建设管理制度 20 个。

二、在科技支撑上下功夫，提高基地生产水平

以科技支撑为重点，建立县、乡、村三级农技服务体系，发挥全国五星基层农业技术推广机构的作用，建立基地科技责任区 78 个，线上线下融合培训 1.52 万人次，涵盖各基地生产单元。依托逊克省级农业科技园区，深化与东北农业大学、黑龙江省农业科学院、国家大豆产业技术体系等科研院所、专家团队的技术合作，累计解决绿色生产技术难题 8 个，引入大豆优良品种 9 个，推广种植技术 4 项，基地良种覆盖率达 100%，科技转换率进一步增强，促进科技优势向经济优势转化，基地内农户年增收 2000 余万元。

三、在改善基础设施上下功夫，优化基地生态环境

全域化推进农田基础设施建设与基地建设有效衔接，近5年来，累计投资10.4亿元，不断加强农田基础设施建设，建成高标准农田129.32万亩，田间道路通达率达100%，农业机械化综合程度达到99.65%。统筹抓好秸秆综合利用、农药化肥减量和畜禽粪肥还田，连续5年获评国家级秸秆综合利用重点县；探索发展畜禽粪污资源化利用，投资建设奇克镇四新村有机肥加工厂，发展"种饲、养畜、生粪、变肥、还田"五步种养循环模式，工作经验被黑龙江省农业农村厅推广；农药包装废弃物回收率达到90%以上，农田生态环境得到显著改善。

四、在加强产销对接上下功夫，增强基地发展活力

以市场需求为导向，努力实现"种得好"向"卖得好"转变，通过组织农民丰收节，参加中国—俄罗斯文化大集、中国有机食品博览会等活动推介基地产品；充分利用本地网红"彼得大叔"资源，推介基地优质绿色农产品，激发了"北纬49°"区域公共品牌和"逊克大豆"等地理标志品牌的价值活力。全县设立基地绿色食品销售专柜3个，洽谈销售企业3家，年签约额2000万元，全县基地农产品线上、线下年零售额达4000万元以上。

撰稿：逊克县农业农村局　王旭林
供图：逊克县农业农村局　吕丽丽

严格遵循"七大管理体系"
高标准建设绿色食品原料（水稻）标准化生产基地

肇源县人民政府

黑龙江省大庆市肇源县委、县政府牢固树立绿色食品发展理念，遵循基地建设"七大管理体系"，把绿色食品原料（水稻）标准化生产基地建设作为保障国家粮食安全的重要抓手。

一、加强组织领导，完善基地建设

50万亩全国绿色食品原料（水稻）标准化生产基地覆盖肇源县新站镇、古龙镇等7个基地单元、57个行政村、1.89万户农户。肇源县成立了以县政府主要领导任组长、其他相关单位为成员的领导组织，统筹协调基地建设工作，设立专门的办公室负责基地技术服务体系和质量保障体系的落地实施。县、乡、村层层签订责任书，形成目标具体、责任压实、服务到户、监管到位、考核明晰、运转高效的组织管理体系。

二、完善基础设施，改善农业环境

全国绿色食品原料（水稻）标准化生产基地建设与高标准农田建设相衔接，以提升耕地地力、高效节水灌溉、改善农田环境为重点，全域化推进，常态化管护，基地良种覆盖率达95%以上。建立绿色食品基地投入品专供服务点2个，从源头确保基地投入品符合绿色食品标准要求。常态化开展投入品监督检查,及时回收田间的废弃农膜、农药空瓶等。控制生活污水排放,禁止使用对环境有严重影响的化学制剂。

三、发展绿色生产,提升粮食质量

推行绿色防控技术,遵循"预防为主,综合防治"的原则,病虫草害防治以生物、农业、物理措施

为主,以化学防治措施为辅。注重使用生物农药、低毒低残留农药,禁止使用高残留农药,推行交替施药,禁止长期使用单一农药,严格控制各项防治指标,严格执行安全施药间隔期。在农作物生长期的各个主要节点,深入基地和田间地头开展技术指导,利用"科普之冬"等科技活动,对各乡镇农业技术人员、科技示范户及种田大户进行绿色食品水稻种植的培训指导。向基地农户发放生产管理手册,并监督农户如实记录,保障基地严格按照绿色食品要求进行生产。

四、坚持产业化经营,实现农民增收

大力推行"龙头企业+专业合作组织+基地"模式,该模式不仅能加强绿色食品原料储运的管理,还能提升农产品精深加工技术水平。通过大力扶持产业化龙头企业,不断提高农业产业化经营水平。通过"互联网+"高标准示范样板生产基地建设,强化示范引领带动作用,扩大集中连片生产规模,积极推进订单生产,持续提升绿色食品原料(水稻)标准化生产基地的建设水平。

撰稿:肇源县农业农村事业服务中心　刘速鑫
供图:肇源县义顺乡土城子粮食种植专业合作社　王海英

北大荒集团

强化监管防风险　产农结合双丰收
推进绿色食品原料（大豆）标准化
生产基地高质量发展

北大荒集团黑龙江五九七农场有限公司

北大荒集团黑龙江五九七农场有限公司（以下简称五九七农场）以发展绿色农业为鲜明导向，以"六大管理制度"为遵循，加快推进农业产业融合发展，着力增强基地建设和优质农产品供给，推进五九七农场绿色食品原料（大豆）标准化生产基地高质量发展。

一、强化组织体系建设，服务监管促提升

为进一步完善基地技术服务体系和质量保障体系，五九七农场配备专人协调基地技术服务、质量保障及日常管理工作，制定了技术攻关、农场与管理区技术指导、农场与管理区监管的各项工作职责，健全了《基地生产管理制度》《农业投入品管理制度》《技术指导和推广制度》《培训制度》《监督管理制度》等管理制度，提升了绿色食品原料（大豆）标准化生产基地的监管质量。

二、统防统治除病虫，绿色防控保生态

基地制定了病虫害统防统治与绿色防控技术实施方案，提高了病虫害防控的组织化程度。与黑龙江省农垦科学院联合开展开发植物健康促进剂的试验；为实现绿色农业除草剂减量的目标，与东北农业大学、八一农垦大学合作开展"农作物减药增效绿色植保技术示范"和"绿色种养循环"等项目，亩施固体粪肥 1 吨，减施化学肥料 10%。投入品供应采用集团化运营模式，建立农业投入品使用管理制度。每年 6—8 月采取大飞机航化作业、无人机作业、地面喷施作业等方式由专业队伍进行病虫害的统防统治，将病虫害统防统治工作作为一项常规措施实施。

三、坚持产业化经营，订单农业提价值

五九七农场坚持以"粮头食尾""农头工尾"为抓手，依托基地优势，打造优质绿

色非转基因大豆生产集散地，不断延伸产业链、贯通供应链、提升价值链，提高大豆附加值。五九七农场投资建设了 4 万吨大豆塔选加工厂，引进先进的大豆加工精选设备，通过清选、塔选、色选、分级等工序，按照大豆品种、粒型，分选出大粒、中粒、小粒不同规格的大豆，满足加工企业对农产品的个性化需求，使大豆不但"种得好"，更实现了"卖得好"。农场还积极"走出去"寻找订单，先后前往云南、四川、宁波等地进行大

豆贸易考察，建立了多形式、深层次、长期稳定的大豆产销合作关系，全方位构建"专属基地 + 订单农业"经营模式，根据客户对蛋白质含量及油脂含量的要求，规划打造了 3.3 万亩大豆专属基地，以销定产，有效规避和化解市场风险，解决了种植户卖粮难和卖好价难等问题，全面助力农场"收、烘、储、加、销、运"全产业链一体化发展。

四、农民增收促发展，整合经验再出发

五九七农场绿色食品原料（大豆）标准化生产基地的建设工作在农产品质量、农业产业化经营、农业科技、社会效益、生态效益和经济效益等方面取得了一定成绩，提高了农业综合生产能力和农产品市场竞争力，大豆作物单产增加约 4%，销售价格每千克提高 0.12 元，每亩增效约 37 元，实现了农业增效、种植户增收的目的。利益联动机制的建立，加强了产业化经营的紧密性和稳定性，使农产品生产和加工的效益最大化，达到农民增收、企业增效的目的。

下一步，五九七农场将按照中国绿色食品发展中心的统一部署和要求，进一步落实监管责任，完善监管手段，强化风险评估和预警，持续推进农业产业融合发展，充分学习优秀地方典型经验和先进做法，积极作为，砥砺前行，不断开创五九七农场绿色食品工作新局面！

撰稿：北大荒集团黑龙江五九七农场有限公司　李边海
供图：北大荒集团黑龙江五九七农场有限公司　刘凤新

规范化建设　标准化生产
全面推进绿色食品原料标准化生产基地高质量发展
北大荒集团黑龙江八五七农场有限公司

北大荒集团黑龙江八五七农场有限公司（以下简称八五七农场）牢固树立绿色发展理念，以"七大管理体系"建设为遵循，以市场需求为导向，以科技创新为动力，坚定不移夯实现代农业大基地建设，保障粮食产能稳定提升，推动强企富民不断迈上新台阶。

一、抓标准，重示范，强化生产管理

基地建设以绿色标准化生产"全覆盖"为核心，把标准化要求落实到生产方式和生产经营全环节全链条，通过"五统一"管理模式，规范绿色农业标准化。依靠抓农时、抓平时、抓标准、抓考核，严抓每一项标准化措施，实行"一品一策"栽培技术管理，实现了水稻标准化覆盖率100%；推进农业供给侧结构性改革，进一步调整种植

结构，'绥粳18''龙垦2021'等优质水稻品种种植比例稳定在70%以上，带动种植户增收数千万元。扎实推进投入品专业化统供，以绿色食品生产技术规程为标准，确保主要投入品100%统供。以科技示范点为抓手，建设环场示范带7000余亩，示范新技术新品种40余个，着力探索良种、良法、良技、良机结合且可推广的先进模式。

二、抓投入，重更新，夯实基础设施

以提升耕地质量为发力点，抓实农田基础设施建设，积极争取项目资金支持，有序推进高标准农田建设，全面增强农田防灾抗灾减灾能力，目前已建设高标准农田48.56万亩。农业要发展就要插上科技的翅膀，八五七农场着力将"藏粮于技"落到实处，狠抓科技和装备支撑，尤其加快推动农业生产机械化向数字化、智慧化转型升级，积极引进自动导航驾驶及农业机械监控终端和设备，目前高速插秧机实现自动导航驾驶系统全覆盖，引进推广侧深施肥装置120余台套；进口精量播种机、有序抛秧机及

植保无人机等新型及智能农机的示范推广及广泛应用，大幅节约了人力、节省了成本，提升了效率、提高了单产，实现标准、节约、智能、生态的种植技术。

三、抓源头，重环境，开展全面监督

严格落实基地环境保护制度，开展黑土地保护措施，八五七农场始终把发展绿色农业作为实现生态优势向经济优势转化的有效手段，持续加强优质农产品基地建设。测土配方施肥、绿色防控和秸秆还田面积均达到100%，节水控灌27万亩，有机肥替代化肥3万亩，通过多项节本增效、绿色环保措施的组合应用，不断加大黑土地保护力度。全场设立农业生产废弃物回收站点6个，实现100%回收。同时，成立监督管理小组，严格监督检查，实行全链条控制、全过程监管。

四、抓营销，重经营，做强产业化

以做实基地、做强龙头、做优品牌、做精市场为着力点，完善优质稻米产业体系，积极打造地方名优农产品。目前，基地与龙头企业签订粮食购销协议28.5万亩，占基地总面积的63%。认证绿色食品13个、登记地理标志农产品2个、全国名特优新农产品1个。同时，立足企业优势，积极延伸产业链条，精心培育"躬身良田、匠心制米"品牌形象，"荒都＋小湖"双品牌入选中国农垦品牌目录，"荒都＋小湖"稻香米入驻国家地理标志展览馆、北京学校基地直供平台。做实农文商旅融合，创新建立了稻香海水稻主题公园。与此同时，通过实施质量追溯项目建立起严格的管理体系，实现了稻米产品质量可追溯，进一步提升了企业的知名度和产品的诚信度，开创了质量与效益双赢的崭新局面。

撰稿：北大荒集团黑龙江省八五七农场有限公司　吴娜
供图：北大荒集团黑龙江省八五七农场有限公司　赵艳杰

提产量　强品质　优布局
促进绿色食品原料（水稻）标准化生产基地可持续发展

北大荒集团黑龙江八五八农场有限公司

随着人们对食品安全和健康的关注度不断提高，绿色食品的生产和销售逐渐成为农业的重要组成部分。近年来，北大荒集团黑龙江八五八农场有限公司（以下简称八五八农场）紧紧围绕全国绿色食品原料标准化生产基地要求，从源头管控，强化组织领导，开展技术培训，健全管理体系，加快推进八五八农场绿色农业的全面发展。八五八农场现有绿色食品原料（水稻）标准化生产基地20万亩，正在创建绿色食品原料（水稻）标准化生产基地30万亩。

一、强化组织领导，完善要素保障

八五八农场印发了《绿色食品原料（水稻）标准化生产基地建设规划》《绿色食品原料（水稻）标准化生产基地管理办法》等文件，成立了由八五八农场党委副书记、

总经理担任组长，党委副书记、党委委员担任副组长，农业发展部、财务管理部、工程建设管理部等10个相关单位负责人为成员的绿色食品原料（水稻）标准化生产基地建设领导小组。结合农场实际情况完善内部机构设置，细化分工，压实责任，确保各项工作部署落到实处，全面推进基地建设。

二、坚持以生态优先，绿色发展为导向

粮食安全，"国之大者"。八五八农场一直以巩固提升粮食综合产能、保障农业生态安全为目标，多措并举，统筹推进，切实保护好基地生态环境。落实标准化农田建设，落实水田条田化改造，优化耕地布局。落实保护性耕作技术，全场农作物秸秆还田率100%。落实测土配方施肥技术，为黑土地开出施肥"药方"，达到"把脉问诊喂良药"的精准施肥效果。落实"六个替代"制度，落实化肥减量增效替代传统化

肥。创建绿色生态农业示范区，实施"鸭稻共生""蟹稻共生""鳅稻共生""鱼稻共生"等种养循环项目。开展清洁生产，在每个管理区设置一处农药包装废弃物集中回收站（点），全面实施农药包装废弃物回收处理。

三、强化技术支撑，提升监管效能

八五八农场对技术推广人员和种植户开展专业知识培训，提高其专业能力和知识水平，以便其更好地管理绿色食品基地。在绿色食品的种植过程中，技术人员指导种植户进行合理有效的肥水管理，并适量用药，以确保绿色食品的品质。同时，由基地技术人员记录生产过程，并按照规定对记录档案进行留档保存，为以后的溯源提供依据。此外，每个基地单元配备监管人员，负责全程监管投入品的使用，确保严格实施"统一优良品种、统一生产操作规程、统一投入品供应和使用、统一田间管理、统一收获"的"五统一"生产管理制度，更好地保证了绿色食品的质量，也让消费者更加放心地购买和食用绿色食品。

四、延长产业链条，帮扶助农增收

为了适应农场绿色食品发展的需要，充分发挥"公司+基地+农户"运行机制的带动作用，实现企业、农户"双赢"，八五八农场结合生产实际，与本辖区的2家生产和加工企业对接，签订绿色食品水稻收购合同。根据稻谷质量，以质论价，优质稻米价格比市场普通产品上浮2%～10%。

撰稿：北大荒集团黑龙江省八五八农场有限公司　　钟锐
供图：北大荒集团黑龙江省八五八农场有限公司　　杨楚威

强品质　突优势　调结构
高效发展绿色食品原料（水稻）标准化生产基地

北大荒集团黑龙江胜利农场有限公司

"粮头食尾"，粮食种植产业一头连着农户，一头连着餐桌，是保障国家粮食安全的关键环节，更是推动农业现代化、促进农民增收、满足人民对美好生活向往的重要纽带。近年来，北大荒集团黑龙江胜利农场有限公司（以下简称胜利农场）紧紧围绕"四个农业"建设，以循环经济建设为指导，始终坚持"强品质、突优势、调结构"的发展理念，以绿色、有机生产体系建设为抓手，科技富农，产销融合发展，通过不断探索创新，促进绿色食品原料（水稻）标准化生产基地建设取得显著成效。

一、品质为基，筑牢绿色发展基石

近年来，胜利农场严格执行标准规范，建立健全有机肥替代化肥、绿色农药替代传统农药、暗室育秧、病虫害防治、采收运输等全流程可追溯的绿色食品原料生产标准体系，确保每个环节都有章可循、有标可依。强化技术支撑，积极与科研院校合作，引入先进的种植技术和管理经验，每年组织专家现场培训种植户 5000 余人次，为农户提供精准的技术服务，提升绿色原料生产水平。完善质量监管，构建严密的质量监测网络，每年对基地生产的原料进行常态化抽检，严格把控质量关，确保产品品质符合绿色食品标准。

二、优势凸显，塑造核心竞争力

胜利农场坐落于广袤的黑土地之上，自然环境优势为绿色食品原料的生产提供了绝佳条件。2006 年，胜利农场被中国绿色食品发展中心确定为绿色原料标准化生产基地。本着"种好地、产好粮、吃放心米"的原则，胜利农场提高生产标准，把控作业

质量，创建 13.5 万亩绿色食品原料（水稻）标准化生产基地，且全面积纳入农垦农产品质量追溯系统，实现了农产品从种到收全生育期安全可追溯。

三、结构优化，激发产业内生动力

近年来，胜利农场不断调整种植结构，合理规划种植品种和面积，筛选种植水稻优质品种'垦稻2021''星粳 1 号''绥粳 18'等 20 万余亩，增加高附加值、市场前景好的农作物种植比例，实现种植结构的优化升级。积极探索多种经营模式，构建粪肥还田系统和绿色种养循环体系，树立"生态种养，循环持续"理念，确立了"稻菽飘香，最美胜利"宣传口号，充分利用各种平台，广泛宣传推介胜利农场绿色农产品，建立利益联结机制，调动各方积极性，实现共同发展、互利共赢。

四、精细种管，开启绿色农业新篇章

在种植过程中，胜利农场充分利用测土配方施肥技术，根据土壤的养分状况精准施肥，减少肥料的浪费，降低对环境的影响。同时，推行智能化精准灌溉模式，结合农作物的生长需求和气候条件，合理安排灌溉水量和时间，提高水资源利用效率。此外，智能化机械的广泛应用不仅提高了生产效率，还确保了种植过程的标准化和规范化，为绿色食品原料的稳定供应提供了有力保障。以思想破冰引领发展突围，通过科技助农推动绿色发展。胜利农场正在凭借其独特的自然环境、严格的绿色防控和先进的科学种管技术，在绿色食品原料基地建设的道路上稳步前行。未来，胜利农场绿色食品原料标准化生产基地将继续秉持绿色发展理念，不断创新进取，为夯实北大荒"三大一航母"核心竞争力、推动农业现代化建设注入强大动力。

撰稿：北大荒集团黑龙江胜利农场有限公司　刘婷婷
供图：北大荒集团黑龙江胜利农场有限公司　马兴珠

上海市

强化绿色食品原料（水稻）标准化生产基地的示范引导　联合品牌建设驱动产业提质增效

上海市崇明区人民政府

2017 年，为贯彻落实上海市委、市政府《崇明世界级生态岛发展"十三五"规划》，崇明区开始积极推进全国绿色食品原料（水稻）标准化生产基地建设。截至 2023 年 12 月，全区已成功创建覆盖 22.84 万亩，涉及 15 个乡镇与 1 农业园区、23 个示范点的绿色食品原料基地。在完成创建任务的基础上，崇明区充分发挥绿色食品原料基地标准化工作的示范和引导作用，围绕"高科技、高品质、高附加值"的发展方向，积极探索由稻谷生产向大米加工产业转化的新路径，为崇明大米打造出一条提质增效的发展之路。

一、绿色食品原料基地示范和引导的双驱动

崇明区充分发挥绿色食品原料基地的示范和引导作用，夯实基础建设，助力品牌发展。一是围绕为绿色食品持续健康发展提供保障，依照绿色食品技术标准实施生产和管理，通过"崇明大米"标志授权使用，组织产业化龙头企业、食品加工企业和专业合作社等经营主体，不断扩大生产规模，形成稳定的优质优价原料供应体系。二是围绕品质提升做文章，在推动高标准农田建设、绿色食品示范基地建设的过程中，引领企业加强科技创新，培育稻米优质品种，夯实崇明大米基础建设。近年来，崇明大米因其香味浓郁、口感软糯的特点赢得了市场的广泛认可，品牌效应明显提升。

二、品牌推广的多元策略

2019 年，"崇明大米"成功入选"中国农业品牌目录首批农产品区域公共品牌"，品牌估值 24.8 亿元。近年来，崇明区积极挖掘崇明农事习惯和乡土文化，依托中国国际进口博览会、中国花卉博览会等大型展会活动，五五购物节、上海旅游节等品牌节庆活动，环岛自行车赛、长江马拉松赛等体育赛事活动，加大崇明大米等农产品的展陈和品

牌宣传力度，讲好地理标志产品历史故事。同时围绕"崇明大米"地理标志的保护、运用和品牌建设做好文章。不断加强地理标志产品品牌宣传推广，出台《崇明区知识产权资助办法》，对"崇明大米"等地理标志的创造、运用、保护、管理和服务全过程予以支持，充分释放地理标志品牌效应，不断提升品牌知名度和美誉度。

三、市场拓展的模式探索

好产品也需要好的市场通道，在做好品质和宣传的同时，崇明区围绕拓展产品市场链条尝试各类销售模式。成立上海崇明大米产业协会，构建"崇明 Me 道"官方销售平台，推出"优农三兄弟"区域公共品牌并对接盒马、叮咚等销售端，探索建设线下崇明优质地产农产品体验中心、营销专区和无人售货柜等，一步步打通产品直供直销渠道，提高崇明大米等优质农产品的品牌影响力和市场占有率。

目前，崇明大米名气越来越响，崇明农产品也成了绿色优质的代名词，赢得了越来越多消费者的喜爱和青睐。未来，崇明区将继续坚持高质量发展都市现代绿色农业的战略方向，持续发挥绿色食品原料（水稻）标准化生产基地的示范和引导作用，通过不断加强品牌宣传推广、市场拓展和销售网络建设等措施，进一步提升崇明大米等优质农产品的品质和品牌价值，积极探索符合世界级生态岛水平的新模式、新做法，打造更多的崇明案例，为推动上海市绿色农业高质量发展贡献力量。

撰稿：上海市崇明区农业质量安全中心　刘欠欠
供图："上海崇明"公众号

江苏省

龙头引领建基地　绿色产业促振兴

涟水县人民政府

江苏省淮安市涟水县坚持绿色发展理念，以创建 40 万亩全国绿色食品原料（水稻）标准化生产基地为抓手，持续推进现代农业高质量发展，全县拥有绿色食品基地 46.28 万亩、省级绿色优质农产品基地 79.67 万亩，"赋绿镀金"的农产品品牌效益和经济价值不断攀高。

一、架构制度体系，构建长效机制

健全组织管理体系、基础设施和环保体系、生产管理体系、农业投入品管理体系、技术服务体系、监督管理体系、产业化经营体系"七大管理体系"，严把区域布局、优质品种选用、基地管理监测、农户生产档案、基地环境保护五大关口。尤其是 8 个建设基地全部绘制单元地块分布图，统一制定《绿色食品水稻种植技术操作规程》和《绿色食品生产记录台账（种植业）记录册》，县、镇、村三级技术人员指导基地单元负责人按照规程开展水稻种植，实施严格的质量管理追溯制度。目前，基地区域内获得绿色食品认证的面积已达 10.9 万亩。

二、提升基础设施，改善产地环境

涟水县制定基地环境保护管理制度，基地周边 5 千米和主导风向的上风向 20 千米范围内没有污染源。出台《涟水县畜禽规模养殖场粪污治理技术方案》，全县 271 个规模养殖场全部实现"四分五防三配套"，185 个非规模养殖场都建有粪污收集设施，全面杜绝畜禽粪污偷排、直排现象。同时，由农业农村和生态环境部门共同制定《涟水县畜禽养殖区域布局调整优化方案》，规模养殖场粪污治理率保持在 100%，畜禽粪污综合利用率达 95% 以上。

三、强化企业引领,提高产业效益

涟水县鼓励引导今世缘酒业、涟水大米实业、河网飞波粮油等企业采取"龙头企业+基地+农户""龙头企业+合作社+农户"等经营模式,开展订单种植,以高于市场价格的保护价收购绿色食品原料,推动村集体和农户持续稳定增收。例如,南集镇皂角村由村集体领办土地股份专业合作社,与益南农业发展有限公司开展订单种植合作,吸引村内48户农户入股,村集体每年可增收30万元,农户除土地租金外,保底纯收益达到每年300元/亩。

四、推广优良品种,打造绿色品牌

涟水县注重农业科技创新,出台人才引进政策,加快绿色食品产业链人才培养和引进,先后引进绿色食品产业链人才68名,其中博士6名、硕士62名。先后与江南大学、南京农业大学、江苏省农业科学院开展"产学研"合作,吸引江苏省农业科学院水稻首席专家团队入驻,组建高沟亚夫工作站、涟水大米研究院等科研推广机构,'南粳5818''南粳9308'等26个水稻新品种在涟水试验种植。2023年,涟水县出台《优质稻米产业高质量发展三年行动计划》,大力推广'南粳9308''南粳66'等优质水稻品种,同时全面控减直播稻,稻米品质实现大幅提升。集中力量打造"涟水大米"品牌,申请"涟香缘""福香涟"等注册商标14件,全县现有稻米品牌51个。制定绿色农产品生产规程,加强技术指导,强化过程性监管,引导经营主体申报绿色食品,"国缘四开""国缘对开""国缘V9"等品牌产品先后通过绿色食品认证。

撰稿:涟水县农业农村局　薛大忠
供图:涟水县农业技术推广中心　程泽堃

绿色食品原料标准化生产基地建设典范

走绿色路　打优质牌
全力打造绿色食品原料（水稻）标准化生产基地

溧水区人民政府

江苏省南京市溧水区人民政府牢固树立绿色发展理念，把绿色食品原料标准化生产基地建设作为保障国家粮食安全、推进农业高质量发展的具体抓手，持续推动，取得了良好的经济效益、社会效益、生态效益。

2021年12月14日，溧水区水稻基地被正式批准成为全国绿色食品原料（水稻）标准化生产基地。基地面积150.2万亩，覆盖溧水区6个镇（街道）共53个生产单元（村），是一项涉及面广、环节多的系统工程。

一、加强组织管理，进行顶层设计

一是溧水区政府成立基地建设领导小组，基地所在的6个镇政府、区农业农村局、区环保局等部门是成员单位。二是做好统筹谋划。多年来，溧水区一直是省市级水稻绿色高产创建示范片区，基础良好，与江苏省农业科学院、南京农业大学等一批省内外高校、科研院所对接沟通，统筹规划部署稻麦产业工作；出台一系列帮扶优惠政策，鼓励支持种植主体，同时，在农业项目申报中，统一扎口把关，给予优先推荐。

二、实施源头管控，打造绿色农业

一是严控农药等投入品管理。实施农药零差率统一配供和废弃包装物统一回收，按照"统一采购、统一标识、统一配送、统一补贴"的原则，推进绿色防控与农作物病虫害统防统治融合发展，2023年，农药年使用量比2020年下降2%，为146.76吨。二是扎实推进化肥减量增效。大力推广水肥一体化、测土配方施肥、有机肥代替化肥、缓控释肥等技术，2023年，全区使用化肥8280吨，比2020年下降2.02%。

三、建设基础设施，提升农业装备

一是完善现代农业基础设施建设。溧水区印发相关文件，在中央、省、市财政补助的基础上，设立区级专项资金，用于高标准农田建设土方平整、补齐工程配套、青苗补偿等，为高标准农田建设提供了强大推力。截至2023年底，永久基本农田中已建成高标准农田21.86万亩，高标准农田占永久基本农田总面积的69%。二是推进农业生产全程全面机械化建设。聚焦农业生产全程全面机械化推进和农机装备智能化绿色化提升"两大行动",打造粮食生产"无人化"农场,推动现代农机装备与技术创新项目落户溧水。三是推进农产品产地冷藏保鲜整县推进试点县建设。制定出台《溧水区全国农产品冷藏保鲜整县推进试点县项目管理办法》,已建设冷库139个,新增冷库库容6.8万米^3,全区冷库库容超10万米^3。

四、强化标准生产,发展品牌农业

一是秉持"链式"思维。围绕稻米产业,坚持延链、锻链、补链,提升产业能级,提高产业质效。二是做精绿色产品。加强绿色食品、有机产品认证宣传,引导和鼓励各类农业经营主体积极认证绿色食品和有机产品,打造现代绿色有机农业产业带。目前全区共有绿色食品企业110家,获得绿色食品证书280张,绿色食品生产面积12.64万亩;拥有有机产品企业38家,获得有机产品证书49张,有机产品生产面积约3万亩;创建全国绿色食品原料(水稻)标准化生产基地1个,面积15.02万亩;建设省级绿色优质农产品基地8个,面积合计22.6万亩,绿色优质农产品占比达89.28%。

今后,将继续依据《关于创建全国绿色食品标准化生产基地的意见》,切实抓好组织管理、基础设施建设和环境保护、生产管理、农业投入品管理、技术服务、监督管理和产业化经营"七大管理体系"建设,促进产业发展、农民增收、乡村振兴。

撰稿:南京市溧水区农业农村局　袁丹丹
供图:南京市溧水区农业农村局　孔燕

提水平　引技术　促产业　扎实推进绿色食品原料（稻油）标准化生产基地稳步发展

吴江区人民政府

自 2011 年创建全国绿色食品原料（稻油）标准化生产基地以来，江苏省苏州市吴江区按照"七大管理体系"基地建设要求，构建出基地产业化经营条件良好、标准化生产体系健全、市场化发育程度高、产品市场竞争优势强的新发展格局，成功入选第二批全国农作物病虫害绿色防控整建制推进县、第四批国家农业绿色发展先行区创建名单。

一、加强组织领导，完善管理体系

成立以区政府分管副区长任组长，农业农村、财政、发展改革委、市场监督管理等部门及各区镇（街道）相关负责同志组成的基地建设领导小组，强化统筹推进，汇聚工作合力。先后制定《基地建设实施方案》《基地管理办法》《基地生产管理制度》等规章制度，提出绿色食品原料（稻油）标准化基地的建设目标和工作要求。目前全区全国名特优新农产品 10 个、认证"二品一标"（绿色食品、有机产品、农产品地理标志）126 个，绿色优质农产品比例达 77%，入选省、市农产品品牌目录 20 个，建成区级以上绿色防控示范区 67 个。

二、强化过程管理，提升基地水平

持续推进高标准农田建设，增加基地粮油综合生产能力，累计建成高标准农田 20.95 万亩；注重基地生态环境保护，严格落实耕地保护制度，保障现代农业发展空

间；按照作物品种实行区域化种植，选择适应本地区、品质好、抗逆性强的品种，良种普及率实现100%；遵守"统一优良品种、统一生产操作技术规程、统一投入品供应和使用、统一田间管理、统一收获"绿色食品"五统一"管理模式，规范生产管理。

三、开展业务指导，夯实技术体系

建立健全技术服务体系，依托基地技术指导小组，指导基地单元镇村成立技术服务队伍。组织专家开展不同类别的技术服务，先后举办进村集中培训、科技下乡、技术服务入户等培训活动，为农户提供政策、科技、生产和市场信息。全区年均发布各类病虫情报及告农户书20余期，并充分利用报纸、广播等媒体集中宣传，确保病虫信息及防治技术及时传递到位，提高技术措施的到位率，从而切实将重大性、突发性病虫害防治的关键措施落到实处，确保用药准确、科学。

四、深化产业进程，促进健康发展

制定农业产业化相关扶持政策，基地内现有国家级农业产业化龙头企业1家、国家级农民合作社1家、省级家庭农场2家。依托国家级农业产业化龙头企业金利油脂（苏州）有限公司，优化基地主导产品的区域化布局、产业化经营、标准化生产和市场化发展，有效带动全区粮油加工、运输、服务等相关产业发展。建立"公司+基地+农户"的联合发展模式，推进龙头企业与基地农户签订收购合同，进一步拉动稻米和食用油产业发展。依托绿色食品原料标准化生产基地，认证绿色食品17个，基地产业化对接率超过72%。同时，伴随绿色食品原料标准化生产基地的进一步发展，为推进吴江区特色产业（如黄酒等产业）的发展打下扎实基础。

撰稿：苏州市吴江区农业农村局　周虹杰
供图：苏州市吴江区农业农村局　张新家

绿色食品原料标准化生产基地建设典范

打好品牌建设"生态牌"
走好绿色发展"共富路"

金坛区人民政府

江苏省常州市金坛区有得天独厚的自然条件,是"中国绿茶(名茶)之乡""全国重点产茶县",孕育出了"金坛雀舌""茅山青锋"等名优绿茶,"金坛红""茅山白茶"等新创名优茶,先后被评为"国家级茶叶标准化示范区""全国科普示范区"等。

金坛区全国绿色食品原料(茶叶)标准化生产基地总面积3.25万亩,覆盖该区薛埠镇。绿色食品原料(茶叶)标准化生产基地的建设,引领金坛区绿色食品产业发展走出了一条以标准化生产、规模化发展、品牌化带动、产业化推进的新路子。

一、强化"统筹"指挥,厚植"绿"的沃土

金坛区成立了绿色食品标准化生产基地建设领导小组,由区政府分管副区长任组长,区农业农村局局长任副组长,负责基地技术服务体系和质量保障体系的建立,具体承担基地日常管理和协调工作。区、镇、村三级组织管理体系健全,确保创建工作正常开展。坚持从严从实、常态长效,同时充分发挥督查考核的激励、监督和导向作用,进一步形成"闭环"责任体系。

二、核心"技术"攻关,释放"绿"的优势

抓住2017年建设茶叶有机肥替代化肥示范区的契机,与江苏省耕地质量与农业环境保护站合作建立江苏省首个土壤墒情监测站。按照"科学种养、生态循环、绿色发展"的思路,遵循"投入品减量化、生产清洁化、废弃物资源化、产业模式生态化"的路径,推动形成农业绿色生产方式。探索集成"灯诱、色诱、性诱"物理防治技术、新型生物农药防治技术等新模式,结合病虫害虫情监控体系推行茶园精准定量施药,茶园病虫害绿色防控技术推广力度及覆盖面积"双增长"。

三、推进"要素"集聚,激发"绿"的动能

以科技为先导,积极推行绿色生产技术,推进茶叶清洁化加工,确保茶产品质量安全。开展茶叶深加工技术研究,持续优化产品结构,不断延伸产业链条,助力实现

产品价值"升级"。依托中国工程院陈宗懋院士工作站，开展农业科研课题研究、创新试验，推动茶叶深加工技术创新和成果产业化应用。科技赋能茶园管理，茶叶采摘机械化智能化水平大幅提高，不断提高农业生产效率。

四、突出"链条"延伸，优化"绿"的格局

发挥江苏鑫品茶业有限公司作为全省首批全产业链标准化生产基地的优势，集中力量推进茶产业标准化建设，集成生产、加工与产品为子标准体系的茶叶全产业链标准体系综合体。加快培育一支从源头到加工的茶叶生产和加工技术队伍，推动生产经营主体由"对标用标"向"看图用标、按频用标"转变，以标准支撑引领茶产业高质量发展。

五、加快"品牌"增值，增强"绿"的后劲

秉承生产标准化、经营品牌化、质量可追溯、产品优质安全、绿色农产品生产全覆盖的理念，建立健全茶叶质量安全可追溯体系，加大绿色食品、有机产品认证力度，不断提高绿色农产品占比。目前，全区有茶叶绿色食品认证企业30家、有机认证企业13家，50个产品获得绿色食品认证，15个产品获得有机产品认证。在2024中国茶叶区域公用品牌价值评估中，"金坛雀舌"品牌价值为20.57亿元，与"茅山青锋"双双跻身中国茶叶区域公用品牌价值50强。

六、做大"融合"文章，保持"绿"的韧劲

依托江苏省超微茶粉及茶食品工程技术研究中心、常州市茶业工程技术研究中心，创新集成茶叶生产和加工工艺，不断提升经济效益。现有茶产业休闲点30多家，已建成长三角"茶香文化体验之旅"示范点、"中国最美田园"，将茶产业、茶科技、茶文化及茶休闲四大功能有机融合。通过举办金坛雀舌茶道会，加快提升金坛茶叶知名度和美誉度，着力提升茶叶区域公用品牌附加值，将茶产业真正打造成金坛区的"金名片"。

金坛区以建设全国绿色食品原料标准化生产基地为契机，通过持续加大绿色食品宣传力度、建立健全各项生产管理和投入品监管制度、积极探索"基地+农户"规范管理形式、提高产业化经营水平等，全力放大绿色农产品品牌"影响力"，为推动绿色产业高质量发展打下更坚实的基础。

撰稿：常州市金坛区农业农村局　尹凡
供图：常州市金坛区农业农村局　尹凡

建设绿色食品原料（稻麦）标准化生产基地 推动农业高质量发展

江苏省农垦农业发展股份有限公司东辛分公司

江苏省农垦农业发展有限公司东辛分公司（以下简称东辛分公司）牢固树立绿色发展理念，以"七大管理体系"建设为遵循，把绿色食品原料（稻麦）标准化生产基地建设作为保障国家粮食安全、推进农业高质量发展的具体抓手，持续推动，取得了良好的经济效益、社会效益和生态效益。

一、加强组织领导，完善基地建设机制

成立了以东辛分公司负责人任组长，东辛分公司农业中心负责人、东辛分公司直属各部门负责人、各生产区主任等组成的基地建设领导小组，并向各有关单位和10个生产区的111个生产单元下发了文件，文件明确了领导小组的工作职责以及各分公司、生产区、生产单元的组织机构，指派基地生产区主任为基地建设负责人，各生产单元队长、生产区农业技术人员为具体工作人员，并建立了相应的岗位责任制。建立健全了基地建设目标责任制度考核办法，分公司、生产区、生产单元三级层层签订责任书，细化量化了考核指标。

二、强化生产管理，实现产品质量追溯

建立了"统一农作物品种布局、统一优良品种的种子供应、统一生产操作技术规程和农艺栽培措施、统一生产资料等投入品供应和使用、统一农机作业标准和田间管理、统一农产品购销"绿色食品"六统一"生产管理制度。积极运行江苏省农垦农业发展股份有限公司的农产品质量安全控制体系。按照"分公司领导—农业中心—生产区负责人—生产区信息管理人员—核算单元负责人"的5级质量安全管理控制体系运行模式，做好质量控制系统信息采集录入及监管工作，责任到人，层层落实。该系统年累计录入水稻与小麦种

植、管理、收割、运输、收储等全过程数据10万余条，数据录入的及时率、准确率、完整率、规范率均达到100%。通过质量控制系统的高效运行，全面构建了东辛分公司稻麦生产质量管理数据库，实现了东辛分公司绿色食品原料质量管理的全面升级。

三、强化技术指导，提升监管服务水平

东辛分公司按照集中连片、合理规划、规模发展的原则，根据农作物品种实行区域化种植，对基地各生产区域进行统一编号，建立生产档案、农户档案，确保产品可追溯。依托分公司、生产区、生产单元三级技术服务体系，实现了良种普及、平衡配方施肥和病虫害绿色防控。配备30余名绿色食品生产技术推广员，结合农业实用技术培训工作和优质高效示范区建设等项目的实施，积极开展绿色食品生产管理技术培训。

四、延长产业链条，拓展农业发展空间

依托龙头企业江苏农垦米业集团有限公司，实施订单生产，基地生产的水稻与小麦全部由江苏农垦米业集团有限公司统一收购，坚持按质论价。基地建设以生产安全优质农产品为核心，以绿色食品品牌为纽带，以龙头企业为依托，有效地把生产与市场联结起来，把标准化生产与优势品牌结合起来，提高了基地效益。

撰稿：江苏省农垦农业发展股份有限公司东辛分公司　程盘龙
供图：连云港市农产品质量监督检验测试中心　韩善红

持续巩固基地创建成果
深入推进绿色食品原料标准化生产基地高质量发展

建湖县人民政府

江苏省盐城市建湖县地处黄海之滨,背倚苏北平原,河网密布,自然资源丰富。建湖县委、县政府牢固树立绿色发展理念,以"七大管理体系"建设为遵循,把绿色食品原料标准化生产基地建设作为保障国家粮食安全、推进农业高质量发展的重要抓手。基地建设以来,粮食单产、品质、综合竞争力均全面提升,强农效应初步显现,取得了良好的经济效益、社会效益和生态效益,有力促进了农业增效、农民增收和县域经济的发展。

一、提高了标准化生产水平

通过基地建设带动了农民群众标准化生产的积极性,促进了标准化生产技术的普及和推广应用。生产经营主体质量安全意识明显增强,基本实现了生产操作有规范、生产过程有记录、产品上市有追溯。近几年的农产品质量安全考核结果表明,建湖县的农产品质量安全水平明显高于江苏省平均水平,抽检合格率比基地创建前提高3~5个百分点,成功成为首批国家农产品质量安全县之一。

二、夯实了国家粮食安全根基

促进绿色生产方式的转变、保障粮食生产基本原则在绿色食品原料标准化生产基

地建设过程中得到了比较充分的体现。一是提高了各级领导对粮食生产的关注程度。因基地创建成效显著，影响广泛，引起了各级领导的高度关注，营造了各级领导重视粮食生产和质量安全的浓厚氛围。二是形成了各有关涉农部门密切配合、齐抓共管良好局面。三是提高了农业生产规模化、组织化程度。四是提升了专业化服务水平。建湖县先后被评为国家商品粮基地县、全国优质水稻标准化示范区。

三、提升了绿色优质农产品供给水平

基地建设以来，始终坚持农业的标准化和品牌化相结合，品牌化带动标准化，标准化促进品牌化，有力促进建湖县绿色食品认证事业的快速发展，绿色食品获证数量由建设之初的5个发展到如今的68个，获证产品以平均每年12个的速度递增。建成江苏省绿色优质农产品基地13个，面积达33.29万亩，绿色优质农产品比例由建设之初的52.9%增长到如今的84.02%，位居盐城市第一，江苏省前列。"建湖大米"获批中国驰名商标、地理标志证明商标。在全国各类农产品展会中，"建湖大米"品牌知名度不断提升，福泉有机米荣获第十届绿色食品博览会金奖，其生产基地获得"全国虾稻米之乡"称号。

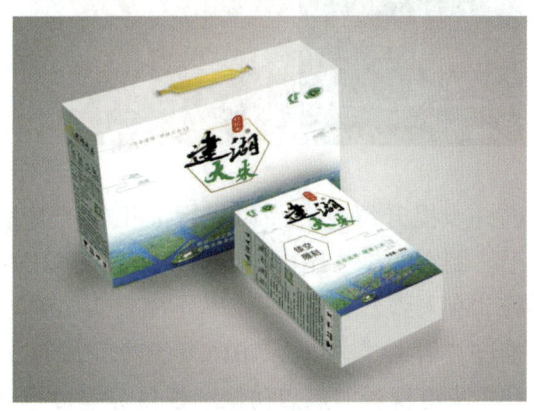

四、促进了农业增效和农民增收

开展基地建设以来，提高了农民规范化生产水平，实现了基地农户稳定增收。至2024年，基地水稻亩产600千克，亩产值2760元；总产52.43万吨，总效益15.429亿元；比常规水稻每亩增收162.2元，总增收9128.6万元。基地建设取得了显著的经济效益、社会效益和生态效益，促进了主导产品县域化布局、产业化经营、标准化生产和市场化发展。基地的建设和龙头企业的发展壮大，提高了农户的市场主体地位，降低了农产品的市场交易成本，有利于形成群体规模，获得较高的规模经济效益。

撰稿：建湖县农业技术综合服务中心　冯亚军
供图：建湖县农业技术综合服务中心　张赛

做好四篇文章
大力推进绿色食品原料标准化生产基地高质量发展

昆山市人民政府

江苏省昆山市深入学习贯彻习近平总书记关于粮食安全的重要论述，深入推进乡村振兴"五百行动"，聚力做好"生产载体、化肥农药、生产经营、产品产业"四篇文章，进一步稳基础、固根本，提品质、增效益，不断推动原料基地高质量发展。

一、"建、管、养"并举，做好生产载体文章

优先在原料基地建设范围内推进高标准农田建设，按照《昆山市高标准农田建设标准》，进一步提升绿色食品原料标准化生产基地集中连片、适度规模、配套齐全的建设水平。制定实施《昆山市农田基础设施管护办法（试行）》，重点确保原料基地内基础设施"有人管、有人修"。率先探索实施耕地轮作休耕，尊重农户意愿，加大补贴引导，推进"稻+N"模式，2016年至今完成轮作休耕面积超30万亩次，多次被《人民日报》和中央电视台"焦点访谈"栏目等宣传报道。

二、"配、用、收"齐抓，做好化肥农药文章

构建市农资公司、基层供销社、农资门店"1+11+16"的农业生产资料服务网络，开展原料基地农业生产资料集中配送，集中配送率达95%以上。创新开展化肥农药"实名制购买、定额制使用"试点，开发"农资管家平台"系统，建立规模户肥药施用"一户一档"，设置肥药购销预警，从源头掌握肥药施用情况，科学推进化肥农药减量增效行动，2023年全市农用化肥和农药使用总量分别较2020年降低4.9%和9.4%。建立健全肥药废弃物收集利用处理体系，回收率达95%以上，无害化处理率达100%。

三、"人、机、服务"协同，做好生产经营文章

昆山市依托"新型职业农民培育""探索建立新型职业农民制度"两项国家级试点

工作，累计认定粮油类高素质农民 115 名，为原料基地专业化、高效化发展提供人才支撑；原料基地大力推进耕、种、收、烘、加工全程机械化，获评"全国率先基本实现主要农作物生产全程机械化示范县"；制定《昆山市综合农事社会化服务组织扶持方案》，探索推进代耕代种、全程托管等社会化服务新模式，涌现出"集体新型农场 + 农机合作社""农业园区 + 农机合作社"等一批典型案例，较好地缓解了经济比较发达、人均耕地面积少的地区"谁来种地、怎样种地"的问题。

四、"质、牌、链"提升，做好产品产业文章

单产和品质并抓，基地优质稻麦良种覆盖率100%，优质食味稻米产业重大品种重大技术协同推广计划入选农业农村部重大技术协同推广项目，巴城农地联社、丰产坊等基地生产的大米获评"江苏好大米"金奖。面向中高端市场，开发稻米类绿色食品 20 个、有机农产品 7 个、全国名特优新农产品 1 个，原料基地产品绿色大米转化率达 65% 以上，涌现出"淀小爱""青澄""万三"等一批绿色有机品牌，"昆味到"入选江苏大米十大品牌。制定《昆山市柏庐大米全产业链高质量发展行动方案》，围绕"品种培育—标准化生产—品牌打造—展示展销"的大米产品全周期、全链条，示范探索"产得好、销路优、效益高"的新路子，累计培育壮大稻麦产业龙头企业 7 家，两家大米生产主体入选江苏省首批中高端稻米（油）全产业链发展模式优秀案例推介名单。

撰稿：昆山市农业农村局　曹峰
供图：昆山市农业农村局　朱杰

提质效 创特色 助力绿色食品原料（莲藕）标准化生产基地高质量发展

宝应县人民政府

自 2007 年创建全国绿色食品原料（莲藕）标准化生产基地以来，江苏省扬州市宝应县高度重视基地建设工作，基地已持续稳定建设 3 个周期，面积稳定在 12 万亩左右，为保障绿色优质农产品供给、促进农民增收致富、推动农业产业发展作出了突出贡献。

一、突出体系建设，持续提升组织引领力

强化基地组织体系建设，成立以副县长任组长，县农业农村局、财政局、市场监督管理局、生态环境局等多部门负责人及相关镇主要领导为成员的基地领导小组。设立基地办公室，统筹协调相关职能单位，围绕技术服务和质量保障，层层明确责任，人人落实目标。建立以县级专家指导小组、镇级生产单元管理小组、村级生产管理责任人为框架的三级网格化组织管理体系。成立国家特色蔬菜产业技术体系荷藕研究所，与南京农业大学、扬州大学开展产学研合作，深化技术创新服务，提升新质生产力，推动基地标准化生产。

二、突出品牌打造，持续提升产业竞争力

坚持以"产品走出去"让"品牌响起来"，鼓励绿色优质农产品企业参加国内外各类展示展销活动，建设"宝应荷藕"区域公共品牌，培植"荷仙""天成"等企业品牌，打造"厚福""千纤"等产品品牌，建成了"区域品牌+企业品牌+产品品牌"三位一体的品牌体系，全县拥有荷藕生产企业 100 多家，其中国家级龙头企业 1 家、省级龙头企业 5 家、市级龙头企业 12 家，年加工藕制品 18 万吨，年销售额 20 亿元，产品有

16类230多个品种，打造与荷藕相关的国家级品牌11个、省级品牌4个、市级品牌2个。

三、突出生态绿色，持续提升发展影响力

根据基地地块分布，进行统一编号，建立农户档案，加强对基地环境、投入品管理、生产管理及市场流通等环节监管；将基地范围内规模生产经营主体统一纳入江苏省农产品质量追溯管理平台管理，强化承诺达标合格证出具和追溯标签打印，逐步形成产前、产中、产后全过程监管。建立完善绿色食品原料基地生产技术规程，加强莲藕生产基地产地环境监测管理，推广应用莲藕缓释专用肥、病虫害物理防治等减量增效和绿色防控措施，实现基地标准化种植。摸索出"藕慈复种""藕田套养"等新模式，其中，藕田套养泥鳅、黄鳝、龙虾等高效生产模式的亩综合产值均达5000元左右。

四、突出融合共享，持续提升辐射带动力

不断推动荷藕产业融合发展，2017年创建了全国首批绿色食品一二三产业融合发展示范园，并逐步发展为种植、加工、流通、观光、科研、文化"六位一体"的荷藕全产业链融合发展模式。创新联农带农机制，发展"公司+基地+农户"生产模式，完善"订单式""保底式"利益联结机制，让农民全方位、全链条参与，充分分享基地发展红利。全县从事荷藕种植的农户约1616户，人均年收入达5万元；荷藕企业带动就业6000人，人均年增收达3.5万元。

撰稿：宝应县农业农村局　徐唯超
供图：宝应县农业农村局　高杏

打响"邳州白蒜"品牌 推进三产融合发展 全力构筑蒜乡富民增收平台

邳州市人民政府

江苏省徐州市邳州市是著名的大蒜之乡，有2000多年的种植历史。凭借着"好山、好水、好生态"，邳州白蒜誉满全球、香飘天下。邳州常年种植大蒜60万亩，拥有绿色标准化、农业产业化、经济外向化等5个"国字号"示范基地称号，获批创建国家级现代农业产业园区，"邳州白蒜"成为国内外知名的区域公用品牌，品牌价值142亿元。

一、坚持质量兴农，全力培育"邳州白蒜"品牌

近年来，邳州市矢志不渝抓好"邳州白蒜"区域品牌培育工作。建成省级以上出口示范基地16个，商检备案基地26万亩，良好农业规范认证（GAP）全覆盖。拥有中国驰名商标1个、省著名商标3个、中国名牌农产品1个、省名牌产品5个。"邳州白蒜"获国家地理标志保护、国家生态原产地保护、全国十佳蔬菜地理标志品牌、供给侧结构性改革领军品牌，入选《中国绿色农业发展报告2018》品牌篇，连续两届被评为江苏省十强公共区域品牌之一。

二、坚持四轮驱动，着力打造邳州白蒜产业

一是以标准绿色化夯实邳州白蒜产业。标准：制定《地理标志产品 邳州白蒜》地方标准7项，企业标准20余项。品质：良种覆盖率95%以上。绿色：创新种植模式，实施绿色防控，提高大蒜产量和质量。智慧：大蒜生产全程可追溯。获批全国绿色食品原料标准化生产基地、国家级出口农产品质量安全示范区等。

二是以加工精深化壮大邳州白蒜产业。邳州市拥有大蒜加工商贸企业250家，其中，国家级农业产业化龙头企业2家、省级农业产业化龙头企业8家、院士工作站1个；拥有国家级大蒜研发中心和工程技术中心2个、省级大蒜研发中心和工程技术

中心3个，新产品研发和食品安全检测始终走在全国前列。开发保鲜蒜、黑蒜、大蒜胶囊、茅台黑蒜酒等40多种产品。

三是以市场多元化打响邳州白蒜产业。建成从事大蒜系列产品交易、检验检测、仓储物流的大型专业市场，年交易量约100万吨。积极拓展海外市场，在"一带一路"共建国家建立分公司，邳州白蒜远销东南亚、日本、欧盟、美国等100多个国家和地区，常年出口量35万吨、出口额3亿美元以上，实现了销售市场的国际化和多元化。

三、坚持出口带动，全面擦亮富民增收产业

通过几十年的努力，邳州大蒜产业走出了一条品牌引领、政府推动、企业带动、农户联动、市场驱动的外向型发展之路。2024年邳州市60余万亩大蒜亩均收益7000元以上，带动12.6万户农户增收，并带动周边地区大蒜种植100万亩；同时，将企业周边的农民转化成为产业工人，直接提供就业岗位5000多个，月工资4000元以上。邳州大蒜成为带动农民增收致富的"钱袋子"。

四、坚持深度挖潜，全力提升高端品牌

下一步，邳州市将以"全国农业绿色发展先行区"和"国家级现代农业产业园"建设为契机，夯基础、挖潜力，推动大蒜品牌升级，加强品牌体系建设，培育高附加值专用产品，建优创业创新平台，加快营销模式创新。

对于大蒜产业，邳州的定位是发展大健康产业，坚持做好系列健康食品、保健产品，并研制开发药品，实现全产业链融合发展，让这一朝阳产业、富民产业成为推动乡村振兴的重要支柱。

撰稿：邳州市农业农村局　王鑫
供图：邳州市农业农村局　杨兆光

提质量 稳总量 优结构
推进绿色食品原料标准化生产基地高质量发展
江苏省农垦农业发展股份有限公司临海分公司

江苏省农垦农业发展股份有限公司临海分公司（以下简称临海分公司）牢固树立绿色发展理念，以"七大管理体系"建设为遵循，建设绿色食品原料（水稻、小麦、大麦、油菜）标准化生产基地面积7.3万亩，藏粮于地、藏粮于技，努力保障国家粮食安全，助力提升品牌价值，持续推动绿色食品原料生产，取得了良好的经济效益、社会效益和生态效益。

一、加强组织领导，完善基地建设机制

临海分公司高度重视发展绿色食品产业，以创建国家绿色食品原料（水稻、小麦、大麦、油菜）标准化生产基地为契机，努力提高全公司绿色食品产业发展水平。成立以总经理任组长、副总经理任副组长的绿色食品原料标准化生产基地建设领导小组，领导小组下设办公室，办公室设在临海分公司农业中心，负责基地技术服务体系和质量保障体系的落地实施。层层确立责任人和责任岗位，哪一层级出问题，都能追责到位到人，有效保障了绿色食品原料标准化生产基地的高效运行和管理。

二、改善基础设施，提升农业生态环境

临海分公司基地全部建成高标准农田，集中连片、设施配套、高效节水灌溉、高产稳产、生态良好，全域化推进，智慧化管理，常态化管护，基地良种覆盖率100%，田间道路通达率、机械化率、灌溉保证率均达到100%，实现"田成方、林成网、渠相通、路相连、旱能灌、涝能排、地力足、灾能减"，有效提升了基地综合生产能力。严格落实基地环境保护制度，加强基地建设管理，严禁秸秆焚烧，常态化开展投入品监督检查。保障基地水质、土壤、大气不被工业"三废"和生活垃圾等污染，确保基地环境达标。设立了农药包装废弃物回收点，农药包装废弃物回收率达到100%。

三、强化技术指导，提升监管服务水平

按照集约化、规模化、组织化、标准化要求，对基地区域进行统一编号，农资投入、种植、收割、运输、烘干、仓储、加工、物流、销售等环节的生产记录均录入农产品质量控制安全体系平台，确保产品全生产链可追溯。

农业生产经营实行"六统一"管理，统一农作物品种布局、统一种子供应、统一主要农业技术措施和病虫草害防治、统一主要农业生产资料供应、统一农机达标和作业质量管理、统一主要农产品销售，实现了良种普及、平衡配方施肥和病虫草害绿色防控。

建立分公司、生产区、大队三级组织管理体系，严格监督检查，实行全链条控制、全过程监管。开展三级专项培训，培训人员覆盖全公司生产管理人员，每个大队都有绿色食品技术宣传报，同时，确保每个大队都有绿色食品生产技术明白

人；临海分公司具有专业的技术团队，包括农学、植保、环境保护、环境资源、土壤肥料等专业人员，常年奔走在田间地头，确保基地生产技术落实到位，从而实现规模化种植、标准化管理、安全化生产、产业化经营，生态效益与经济效益同步增长。

从源头规范基地投入品的采购和使用，向各大队公布基地绿色食品允许使用及禁限用农业投入品，不定期对基地生产过程、基地环境、投入品使用及生产档案进行监督检查。

四、坚持产业化经营，实现延链增收

龙头企业带动，实施订单生产，水井坊和临海米业对接生产基地签订糯稻与水稻生产订单 2 万亩，订单数量 1.2 万吨，实现互利增效。

撰稿：江苏省农垦农业发展股份有限公司　孟相凡
供图：江苏省农垦农业发展股份有限公司临海分公司　王艳平

浙江省

抓实"三个一" 全面推进绿色食品原料（茶叶）标准化生产基地建设

安吉县人民政府

浙江省湖州市安吉县是"绿水青山就是金山银山"理念发源地，安吉县始终将坚持绿色发展、推进"两山"理念转化作为全县上下合力推动的一项战略工作。2020年11月获批全国绿色食品原料（茶叶）标准化生产基地以来，谋划一盘棋、一张网、一条链"三个一"建设，不断完善制度、创新举措，持续擦亮原料基地的绿色底色，推动安吉白茶产业提质增效。2023年，安吉白茶品牌价值达54.86亿元，跻身中国茶叶类区域公用品牌价值十强之一。

一、下好"一盘棋"，构建全面质量管控体系

根据行政区划和全县17.36万亩茶园分布情况，将茶园合理划分为1个大单元格、15个中单元格和151个小单元格，963家茶叶企业全部纳入网格单元管理。落实基地环境保护、生产技术指导和推广、农业投入品管理、质量安全检验检测等7项管理制度，制定《安吉白茶质量安全企业管理手册》，建立质量安全管理岗位责任、农业投入品管理、生产信息记录管理、合格证管理等18项企业制度，形成环环相扣、闭环管控的管理模式。建立以肥药实名制购销为抓手的"肥药销售—购买—使用—回收"管理机制，加强19个重点产茶乡镇绿色食品茶园用药专柜配置，全方位加强基地茶叶质量管理。

二、绘就"一张网"，促进茶产业提质增效

积极融入数字浙江建设，大力推进安吉白茶产业全域、全程数字化转型升级。建成安吉白茶产业大脑数字化平台，创新完成全县域数字化测绘及确权，并正式启用安吉白茶数字化管理体系，精准覆盖基地1.1万户茶农、140家农业生产资料经营主体，

形成种植、加工、包装、储运、销售全产业链可追溯管理闭环。实行电子茶园证管理，目前已发布电子茶园证15490份。建立安吉白茶交易平台，茶农凭"码"交易、消费者扫"码"追溯、管理者凭"码"监管，实现安吉白茶总量可控、全程可溯，有效保护安吉白茶原产地品质。

三、打造"一条链"，强化示范带动功能

基地统一制定《安吉白茶绿色化生产操作规程》和《安吉白茶生态种植技术规范》，积极开展绿色食品生产技术应用推广行动，印发生产模式图等技术推广资料3万余份进企、入场、入社、入户，推动基地茶农按标准生产。创新推广"公司+合作社（基地）+农户"联农模式，带动小农户参与绿色食品发展，推进安吉白茶种植园区向产业综合园区转变。同时，深度开发安吉白茶特质功能，开拓茶饮料、茶食品等精深加工产品的研发，以及茶休闲、茶旅游等三产融合发展，成功创建安吉宋茗全国绿色食品一二三产业融合发展园区，2023年带动农户1.3万户，人均增收9960元。

撰稿：安吉县农业农村局　陈丽娟
供图：安吉县农业农村局　曹芸

绿色引领 系统谋划 深入推进绿色食品原料（茶叶）标准化生产基地建设

松阳县人民政府

浙江省丽水市松阳县委、县政府牢记习近平总书记在浙江任职时，2004 年在松阳调研提出的"茶叶要绿色、有机"重要指示，树立绿色发展理念，深入实施茶产业链提升工程，把全国绿色食品原料标准化生产基地建设作为茶产业发展的生态底盘，2023 年茶叶全产业链产值突破 140 亿元。"松阳香茶"品牌价值达 45.26 亿元，荣登"2024 中国茶品牌 TOP50"第二十七位。

一、健全基地建设机制

创建全国绿色食品原料（茶叶）标准化生产基地 9.8 万亩，覆盖全县 19 个乡镇（街道）、203 个行政村。基地建设质量事关农民增收，为此，松阳县政府成立绿色食品原料（茶叶）标准化生产基地创建工作领导小组，分管副县长任组长，县政府办公室主任、农业农村局局长任副组长，14 个相关单位为成员，统筹协调基地建设工作。领导小组下设办公室，负责基地技术服务体系和质量保障体系落地实施。建立健全县、乡、村、龙头企业、新型经营主体等相关责任制度，形成目标明确、服务到户、监管到位、层层压实的组织管理体系。

二、着力推进"三化"建设

锚定绿色化、标准化、宜机化目标，有力有序推进基地建设。统一制定绿色食品茶叶标准化生产技术操作规程和生产模式，以及《松阳茶生产技术规范》《地理标志产品 松阳茶》等一系列技术标准，全产业全过程推行绿色食品生产标准。组织多种类型、多种形式的技术培训，印发技术资料，开通农民信箱短信服务，组织技术资料送村入户，开展测土配方施肥服务，建立农业技术直接到户、良种良法直接到田的农业技术推广工作机制，推动生产经营主体标准化生产、规范化加工。打造集中连片的规模化绿色茶叶基地，提高茶园机械化应用水平。推进技术改进工作，鼓励和支持建立清洁化、连续化、智能化的加工流水线，累计完成标准化茶厂改造180余家，全县共有45家企业取得食品生产许可证。

三、构建三产融合格局

在优化绿色环境、做强绿色种植、升级绿色加工的基础上，立足松阳县生态资源，打好"接二连三"组合拳。以创建松阳大木山全国绿色食品一二三产业融合发展园区建设为契机，依托古村落、乡土民俗风情，文化植入生态茶业、休闲度假、文化旅游、民宿等业态，推动了"茶叶+"系列多元产业融合发展，2024年园区产值超1.2亿元。深入实施品牌强基与提升工程，做强"松阳香茶"品牌，做精"松阳银猴"品牌，建立"绿色食品+地理标志农产品+区域公共品牌"协同推广矩阵，以及"原料基地+生产主体+农户""三产园区+小农户"等联农机制，全方位多角度推动基地建设和茶产业发展。

撰稿：松阳县农业农村局茶叶产业发展中心　钱园凤
供图：松阳县农业农村局茶叶产业发展中心　张林福

创机制 建标准 严监管
全方位推进绿色食品原料（杨梅）标准化生产基地建设

仙居县人民政府

浙江省台州市仙居县委、县政府坚持"一县一品"发展战略，以全国绿色食品原料（杨梅）标准化生产基地为载体，全产业推广绿色食品标准，多措并举提升杨梅产业质效，强力打造县域富民杨梅产业。2023年，古杨梅复合种养系统入选全球重要农业文化遗产，"仙居杨梅"区域公用品牌价值26.23亿元，全产业链产值40亿元。

一、瞄准关键环节，加强绿色标准建设

基地重塑传统重施化肥种植理念，同步开展杨梅设施栽培、露天栽培、加工等技术性研究，依据绿色食品标准，制定发布《仙居杨梅生产技术规程》《仙居杨梅设施栽培生产技术规程》，推行施用有机肥为主、套种绿肥的肥料管理措施，采用杀虫灯、黄板粘卡、种植波斯菊等方式防控害虫。建立技术专家团队，加大标准"进企入户"宣传力度，确保生产技术落实到位。截至2023年底，全县共投入1.5亿余元，推广建成杨梅智能大棚1500多亩，设置太阳能杀虫灯4000多套。

二、注重整体布局，健全质量监管体系

基地总面积13.25万亩，分布于福应街道、步路乡等20个乡镇（街道），涉及农

户 6.26 万户。构建"县—乡—村—基地"四级网格化监管体系，组建县级杨梅质量安全监督抽样小组，专设 20 名乡镇监管员、458 名村级监管员，实施全县域全过程监管。每年在全县范围内发放《仙居县人民政府关于加强杨梅质量安全监管工作的通告》1000 余份，要求各基地单元张贴并严格执行通告内容，同时，向杨梅生产经营者发放质量安全告知书 2 万余份，签订农产品质量安全承诺书 1000 余份。2024 年杨梅上市期间，定性抽检 30388 批次，定量抽检 574 批次。

三、着力创新机制，积蓄联农带农能量

仙居县政府每年安排资金 1000 万元用于杨梅产业发展，建成投资总额近 1 亿元、国内首创的万吨级杨梅深加工生产线 2 条，自动化包装流水线 26 条，年加工转化能力 4 万多吨。创设杨梅产业化联合体 1 个，创新"绿色食品＋联合体＋龙头企业＋合作社＋农户＋基地"产业经营模式，带动 2.7 万户小农户参与绿色食品发展。建设杨梅物流冷库 255 个，总容积 3.7 万余米^3，联结带动农民专业合作社 450 家。2023 年全县杨梅产量 12 万吨，鲜果产值 11.2 亿元，促进梅农户均增收 3.52 万元。

撰稿：仙居县农业农村局　马佳丽
供图：仙居县农业农村局　应铮铮

宁波市

（计划单列市）

齐抓共管　巩固绿色食品原料（雷笋）标准化生产成果

奉化区人民政府

浙江省宁波市奉化区 4 万亩雷笋基地，自 2010 年获批全国绿色食品原料标准化生产基地以来，严格按照绿色食品技术标准要求，强化基地"七大管理体系"建设，着力建设一个区域特色明显、产业化经营条件良好、标准化生产体系健全、市场化培育程度高、产品市场竞争优势强的绿色食品原料标准化生产基地，2023 年雷笋年产值达 3.78 亿元，成为当地笋农实现共同富裕的"致富笋"。

一、笋农素质大幅提高

奉化区全国绿色食品原料（雷笋）标准化生产基地创建以来，全区共培养高级全国林业乡土专家（宁波市竹笋种植工程师）1 人、农民技术员近百名、国家级星火计划项目示范户 39 户，通过示范引领，笋农整体素质提升。同时，做到每个专业村的笋农中至少有 1 名绿色食品明白人，掌握基地建设的标准，了解投入品使用的要求，并能自觉落实基地管理措施。

二、基地管理更加规范

在基地管理中，奉化区大力推行"网格化"管理措施，保障基地建设。按照"属地管理、分级负责、分层监管"的原则，建立区级监管科、镇级农业办公室和 19 个村级监管点，委派 3 名专职监管员，聘请 19 名村级协管员，做到无缝监管，形成了区、镇、村三级立体化监管网络。同时，对雷笋产业的技术指导采用"专家—责任农技员—科技示范户"三级服务方式，辐射带动奉化区雷笋种植户，促进了雷笋标准化生产。

三、标准体系健全完善

为深入落实全国绿色食品原料标准化生产基地管理"五统一"的要求，奉化区制定并推行了《奉化区全国绿色食品原料（雷笋）标准化生产基地管理办法》、基地农业投入品管理制度、基地环境监督管理制度等，同时，绘制基地分布图和地块分布图，对基地各地块进行统一编号。制定发布并推广了《绿色雷笋生产技术规程》等一系列生产技术标准，实现基地管理有规可循、有章可依，做到"五统一"，有效提升了雷笋品质，提高了产品竞争力。

四、农业投入品管理持续推进

在农业投入品管理体系方面，制定了禁限用农药退出市场机制，辖区内禁止经营克百威等17种国家规定的禁限用农药以及乙酰甲胺磷等4种影响农产品质量安全和人畜安全的农药，切断污染物进入农田的链条。同时，在各村公示栏中定期公示《绿色食品 农药使用准则》（NY/T 393）中允许使用的农药清单，以及《绿色食品 肥料使用准则》（NY/T 394）中的禁限用要求。

五、产业效益明显提升

为适应市场对农产品多样化的需求，宁波市奉化银龙竹笋专业合作社通过改良加工工艺、升级自动化流水线等措施，采用真空袋装油焖笋生产流水线每小时可生产1500余袋油焖笋，玻璃瓶包装油焖笋生产流水线每小时可生产1000多瓶油焖笋，随着两条生产流水线的投入使用，生产效率显著提高，合作社收购雷笋的数量大幅提升，笋农人均年增收达1000元以上。

撰稿：宁波市奉化区农业农村局　吕琳
供图：宁波市农业农村绿色发展中心　董爱平

安徽省

推进绿色食品基地建设
擦亮"世界梨都"金字招牌

砀山县人民政府

安徽省宿州市砀山县位于皖苏鲁豫四省交界处,素有"世界梨都"美誉,拥有近100万亩连片生态果园,是砀山酥梨的原产地。近年来,砀山县采取多种措施推进全国绿色食品原料(砀山梨)标准化生产基地建设,精心做好乡村"土特产"大文章,聚焦砀山酥梨生产标准化、品牌化和数字化,促进全链条提升。砀山县也先后被评为国家级出口果蔬质量安全示范区、国家农产品质量安全县、国家"数字乡村"建设试点县等。

一、开展种质资源保护,培优酥梨品种

实行"一树一档、一树一牌、一地一册",为全县6万余株百年以上古梨树建立种质资源档案。与国家梨产业体系和安徽省农业科学院等科研院所开展"产学研用"全面合作,成立国家梨产业技术体系砀山综合试验站。开展砀山酥梨提纯复壮、优良品质恢复等多项关键技术的研究与推广,培育优良后代品(株)系32份,选育'皖梨4号''砀山细酥'等6个新品种。通过品种改良和创新栽培管理技术,果实颜色、果点大小、果面光洁度和果形更优化,口感更酥脆,石细胞减少,果核变小,可溶性固形物含量平均提高了0.5%~1.2%,维生素含量达到20毫克/千克以上。

二、引入数字农业技术,提升酥梨品质

建成53个数字农业示范基地,搭建数字化应用场景16个,实现果园"天空地"一体化数据采集与监测,为果树种植提供精准物联感知。开发应用梨园基地指挥调度管理系统、现代梨园App等技术服务模块,根据土壤、虫情等物联传感信息,形成精准管理方案,依托手机移动端自动化控制、规范化作业,实

现生产精细化。推广有机肥替代化肥、病虫害绿色防控和蜂机协同授粉等新技术，全县果树病虫害绿色防控覆盖率达 80% 以上。

三、实现生产技术标准化，延长产业发展链条

围绕品种布局、栽培模式、田间管理等制定《地理标志农产品　砀山酥梨》《皇冠梨生产技术规程》和《翠玉梨生产技术规程》等多项地方标准。培育多元化、专业化、社会化服务组织 904 家，开展生资配送、代耕代种、统防统治等环节的托管服务，推动生产基地专业化、标准化、集约化发展。围绕"一县一业（特）"全产业链发展，开发了梨膏、烤梨、梨酒和梨饮料等多种产品，延长了砀山酥梨产业加工链条，提高了产品附加值。全县拥有规模以上农产品加工企业 71 家，冷链设施库容 23.8 万吨，构建长江三角洲地区 3 小时鲜活农产品物流圈，实现对长江三角洲区域内城市大型超市、集贸市场及时供货。

四、提升酥梨品牌知名度，打造区域公共品牌

升级改造以"一号梨园"和"砀山酥梨第一园"为核心的砀山酥梨优势生产基地，培育壮大砀郡集团、砀山果园场、砀山园艺场、龙润堂等龙头生产主体，注册"砀园""翡翠""大土山"等 10 余个名特优新品牌，联合中央电视台、知名网络直播平台以及京东、苏宁等电商平台，举办系列活动，宣传提升砀山酥梨的品牌知名度。依托梨树王风景区、黄河故道酥梨观光乡村风景线，创建一批由砀山酥梨休闲观光点、主题民宿等组成的文旅示范带，形成点线面、村景业、农文旅融合的乡村共富新业态。

撰稿：砀山县农产品质量安全监管中心　汪保记
供图：砀山县农产品质量安全监管中心　曹新峰

扎实推进绿色食品原料（辣椒）标准化生产基地建设

和县人民政府

安徽省马鞍山市和县于2009年3月开始申请创建全国绿色食品原料（辣椒）标准化生产基地，2010年12月被中国绿色食品发展中心列为第十批全国绿色食品原料标准化生产基地。目前，全县辣椒年栽培规模在15万亩左右，亩均产量超2600千克，年产量超30万吨。

一、加强组织领导，完善基地建设

和县成立了创建全国绿色食品原料（辣椒）标准化生产基地领导小组，县政府分管领导任组长，县农业主管部门领导任副组长，县直有关单位和各基地单元镇分管负责人为成员，负责统筹落实基地建设工作，逐级明确了责任人和具体工作人员，做到任务层层分解、落实到人。设立专门机构负责基地技术服务和质量监管，县、镇、村三级分别成立了技术指导小组，组建技术服务队伍，聘请省农业农村部门、安徽农业大学和安徽省农业科学院园艺研究所相关领域专家成立了技术攻关和指导小组，加强新技术的引进、研究和攻关。

二、强化标准化生产，提升产品质量

一是专业化编制包括辣椒品种选择、生产管理、收获贮存、包装运输、产品加工等全产业链各个环节的标准化技术体系，制定并发布团体标准。二是健全"五统一"生产管理制度，基地统一推广优良品种、统一生产操作规程、统一投入品供应和使用、统一田间管理、统一收获。三是全面推广绿色生产技术，普及应用防虫网、性诱剂、杀虫灯等绿色防控技术，推广应用水肥一体化、农业物联网、工厂化育苗、机械化移栽、高压雾喷等新型实用技术。四是制定基地农业投入品管理制度、监督管理制度和公告制度，实行农业投入品市场准入制度，从源头上保证农业投入品使用安全。全县基地实现良种使用率100%，水肥一体化覆盖率100%，绿色防控覆盖率100%。

三、突出技术创新，助推产业提升

和县辣椒产业的发展注重聚焦科技引领，推进可持续发展。先后与国家大宗蔬菜产业体系、安徽省蔬菜产业体系、江苏省农业科学院、安徽农业大学等科研院校建立了长期合作关系，积极应用推广辣椒新品种、新技术、新材料。通过多年的技术融合和技术进步，逐步形成了"春提前、秋延后、夏调理、冬保鲜"的具有一定可持续性的创新栽培制度，尤以大棚秋延后和大棚秋延后越冬在田保鲜栽培为特色。在田保鲜栽培通过控制大棚内的温度、湿度，让成熟的辣椒缓慢生长，可将辣椒的上市期从当年11月延后至翌年5月，其间择机上市，大大提高了和县辣椒的竞争力。勤劳质朴的和县人民不断创新，还成功摸索出与大棚辣椒秋延后栽培技术配套的高温煮田抗重茬、复式日光温棚、工厂化育苗、机械化移栽、高压雾喷全自动植保等技术。

四、注重品牌打造，实现增产增收

和县辣椒产业发展注重品牌打造。一是打响产品品牌。出台"和县辣椒"农产品地理标志保护工程实施方案，大力实施"和县辣椒"品牌振兴工程，该项目共投入1140万元，其中，中央资金400万元，自筹资金740万元。二是打响市场化品牌。印制采用"和县辣椒"专属标识的统一式样包装箱，开展品牌化销售，现已印制20千克、5千克、2.5千克规格的包装箱50多万只，大大提升了"和县辣椒"的品牌知名度。三是打响节庆品牌。自2004年以来，和县已连续举办了13届蔬菜博览会、6届农业嘉年华，进一步提升了"和县辣椒"品牌的影响力。和县辣椒标准化生产基地亩均产值超1万元，与非基地辣椒相比，每年亩均增收500多元，基地农户户均增收1500元，经济效益、社会效益和生态效益十分显著。

撰稿：和县农业农村局蔬菜技术服务中心　张金龙
供图：和县农业农村局蔬菜技术服务中心　储莉

发展绿色生态茶产业　助推乡村振兴

金寨县人民政府

安徽省六安市金寨县地处大别山北麓，独特的自然生态环境特别适宜茶树生长，茶叶生产已有1000多年历史，是全国100个重点产茶县之一、全国十大生态产茶县之一、国家级出口食品农产品（茶叶）示范区、国家农产品质量安全县、全国绿色食品原料（茶叶）标准化生产基地，是中国十大历史名茶六安瓜片的原产地、主产区。2023年，金寨县茶园面积达22.8万亩，干茶总产量1.65万吨，一产产值15.9亿元，综合产值57.8亿元。全县有20万人从事茶叶生产经营，茶产业已成为金寨县的支柱产业，是全县生态经济的重要组成部分。

一、加强组织管理，健全监管体系

成立以县长任组长、县分管领导任副组长、相关部门主要负责人及基地单元乡镇负责人为成员的金寨县全国绿色食品原料（茶叶）标准化生产基地领导小组，负责基地的组织、协调和推进等工作。基地建立了生产管理制度，健全了县、乡、村、户及对接企业生产管理体系。建立了"四统一"生产管理制度，统一生产操作规程、统一投入品供应和使用、统一茶园管理、统一收获采摘。

二、加强农业投入品管理，严打违法违规行为

按照"网格化管理、标准化生产、产品可溯源"要求，制定并实施基地茶园投入品管理办法。在全国率先实行茶园"两个替代"，开展茶园绿色防控，建设绿色农资

店，禁止茶园使用化学农药，免费发放黄板、生物农药，并安装太阳能杀虫灯防治病虫害。大力补贴推广小型除草机，通过人工除草、机器割草、微耕锄草和秋冬茶园铺草技术防治茶园草害。连续8年推广使用有机肥、农家肥，逐步减施和不施化肥。

三、强化农业技术服务，提高科技保障能力

培育生态种植服务队等社会化服务组织，开展种苗统繁统供、病虫统防统治、肥料统配统施，提升绿色生态茶园管理水平。对基地企业、大户、茶农进行培训，提高生产者、经营者和监督者的质量安全意识和相关技能。依托安徽农业大学等高校组建大别山试验站，开展校县合作，组建茶叶技术联盟，开展科研技术创新、科研成果转化、技术推广服务。通过创新生产技术，开发出高香茶、金寨红茶等附加值较高的茶叶产品，并成功申请了相关发明专利。通过夏秋茶开发，产量效益提高35%以上。

四、创响名茶品牌，彰显绿色产业特色

打造高端产品、唱响知名品牌、提高品牌效应。利用区域公用商标"大别山的问候——源自金寨"、10万亩全国绿色食品原料（茶叶）标准化生产基地及"六安瓜片""金寨红茶"地理标志，加大品牌茶叶开发力度，有效认证绿色食品7.82万亩，认证有机农产品1.2万余亩，突出重点区建设，完善加工工艺流程，提高产品质量和产量，成立专业合作社联合社，统一品牌形象，提升产品知名度，提高产品附加值。

五、推进茶旅融合，拓宽农户增收空间

推动茶产业与乡村旅游融合发展，先后建成了响洪甸六安瓜片原产地保护区、面冲茶叶主题公园和多家茶谷小院。以茶、山、水与红色革命历史结合为载体，突出长寿之乡特色，精心规划茶旅游线路、大别山茶城、茶艺馆、茶谷小院，打造集健康养生体验、特色美食、休闲时尚生活元素等多业态于一体的特色茶业农家乐，形成独具山区特色的茶旅融合发展新业态。全县有近20万人参与茶叶旅游相关产业，共授牌农家小院、茶谷小院230家，茶旅产业乡镇农民收入高于金寨县平均水平20%以上。

撰稿：金寨县农产品质量安全监管中心　吴明伟
供图：金寨县农业产业发展中心　汪于奎

提质量　稳总量　优结构
推进绿色食品原料标准化生产基地高质量发展
安徽省农垦集团龙亢农场有限公司

安徽省农垦集团龙亢农场有限公司（以下简称龙亢农场）以"致力绿色有机，服务美好生活"为使命，充分利用农垦资源优势、规模优势和管理优势，积极推进绿色食品原料标准化生产基地建设，助力绿色食品全产业链高质量发展。

一、强化科技赋能，落实标准化生产

近年来，龙亢农场全面落实安徽农垦"强科技、大基地、全产业链"发展战略，以"沿淮糯稻产业集群"建设为契机，全力发展糯稻等高端绿色食品产业，按照基地建设"七大管理体系"要求，围绕农业产前、产中、产后各环节，构建覆盖全程、综合配套、便捷高效的农业生产体系，形成了具有龙亢农场特色的"四节"（节肥、节药、节水、节种）、"七植"（植入专用品种、标准化栽培、农机标准化作业、测土配方施肥、土壤深松、秸秆还田、物联网技术）、"七化"（规模化、专业化、标准化、机械化、集约化、信息化、产业化）现代农业生产方式，实现了良种良法良技配套、农机农艺农服结合、节本提质增效同步、绿色生产融合发展。

二、加强产销对接，提升绿色食品供给能力

龙亢农场所属雁湖面粉公司是集粮食收购、贸易、加工、销售于一体的国家级农业产业化重点龙头企业，年加工小麦30万吨，生产挂面2.4万吨。雁湖面粉公司作为

绿色食品企业，始终坚持绿色化、优质化、品牌化发展思路，致力为广大消费者提供绿色健康食品，不断满足人民日益增长的美好生活需要。为进一步发挥基地示范带动作用，保障国内部分优秀企业绿色优质原料供应，龙亢农场先后与贵州茅台集团、四川五粮液集团、安徽古井贡酒集团等

知名大型酒企开展战略合作，严格按照绿色食品基地标准组织生产，建立酿酒专用粮生产基地3万亩。为吸纳带动小农户参与绿色优质农产品生产，龙亢农场通过垦地合作开展社会化服务，实现农业生产托管服务面积25.5万亩，辐射示范带动周边农户按照绿色食品生产要求订单种植超100万亩，亩均节本增收200元以上，带动农民增收2亿多元。

三、创新宣传方式，助力绿色食品产业健康发展

以创建全国绿色食品一二三产业融合发展园区为契机，龙亢农场大力加强绿色食品发展理念、知识的宣传和培训工作。通过设置各类绿色食品宣传标识牌、展板，利用抖音、微信等自媒体，多形式、多渠道开展绿色食品知识宣传，将绿色食品发展理念融入传统农耕文化科普、现代休闲农业体验、农事体验、研学等相关配套服务中，作为龙亢农场3A级景区学研活动的一项重要内容。

撰稿：安徽省农垦集团龙亢农场有限公司　洪亮
供图：安徽省农垦集团龙亢农场有限公司　周文娟

强建设 严管理
推动绿色食品原料（山核桃）标准化生产基地品牌化发展

宁国市人民政府

宁国市地处皖东南，东临苏杭，西靠黄山，是长江三角洲绿色优质农产品加工供应基地。宁国市全国绿色食品原料（山核桃）标准化生产基地涉及10个乡镇、56个行政村、1.5万余户林农，建设总面积30万亩。近年来，宁国市委、市政府一直高度重视基地建设和管理工作，不断提升产地环境、产品生产、流通经营等环节标准化管理和全程质量控制水平，全面推进宁国山核桃产业转型升级。

一、强化顶层设计，厘清产业发展思路

宁国市成立了由分管市长任组长，相关市直单位和基地单元乡镇为成员的基地建设领导小组，制定了山核桃产业转型升级任务分解表，形成了政府总抓、部门联动、乡镇主建的工作机制。出台了山核桃产业振兴行动方案，在政策、项目、资金、人才等方面加大对山核桃产业发展的扶持力度，2022—2024年统筹项目资金3000余万元，扎实开展山核桃生产机械创新推广、产品质量认证、经营主体加工能力提升、公共品牌宣传等工作，积极推动宁国山核桃规模化生产、生态化经营、标准化管理和品牌化营销。

二、加强质量管理，夯实基地建设标准

对10个基地单元合理规划、统一标识，加强基地山、水、林、田、路综合治理，实施蓄水灌溉工程、现代科技示范基地和全程托管经营、"小山变大山"改革等项目，全面推动山核桃林地禁用除草剂，有效改善基础设施条件和基地环境质量，提升山核

桃规模化种植和集约化管理水平。制定绿色食品生产操作规程并发放至全部相关乡镇和企业，设立农资经营专供点，建立经营台账和生产记录等，不定期开展巡查和检测，确保从源头控制投入品使用安全。

三、建立技术体系，提升管理服务水平

依托宁国市林农技术服务中心、各乡镇农技推广体系以及龙头企业、合作社等新型经营主体，建立了市、乡、村三级技术服务体系，全面落实苗木繁育、配方施肥、栽培管理、病虫害统防统治等标准化生产技术。加强山核桃"政产学研推"协作联动，加强人才队伍建设，对接科技院校，加大山核桃种植、经营、产业发展等相关专业技术人才的引进力度，突出开展以绿色生产为重点的科技联合攻关，加强新技术、新机械等推广应用，探索公益性和经营性农技推广融合发展机制。

四、坚持品牌战略，延伸产业发展链条

加大绿色食品原料标准化生产基地和"宁国山核桃"区域公共品牌宣传力度，充分利用电商、"互联网+"、农民丰收节、专题推介会等多渠道引导消费者关注、信赖"宁国山核桃"品牌，扩大品牌影响力。规范地理标志应用，强化原产地保护，加强山核桃产品质量追溯体系建设。建立以绿色生态和深加工为导向的补贴制度，持续提升企业绿色生产水平和精深加工能力。推动乡村文旅联动化升级，用好用活"中国山核桃之乡"国家名片，促进山核桃文化与"皖南川藏线"等景区功能和乡村振兴战略等紧密结合，推广"山核桃+旅游+文化"多维模式，进一步延伸产业发展链条。

撰稿：宁国市农产品质量安全监督管理服务中心　李虹清
供图：宁国市农产品质量安全监督管理服务中心　谢梦雅

绿色食品原料标准化生产基地建设典范

提质量 稳总量 优结构
推进绿色食品原料标准化生产基地高质量发展

安徽省农垦集团潘村湖农场有限公司

安徽省农垦集团潘村湖农场有限公司（以下简称潘村湖农场）深入践行"粮食安全国家队、现代农业示范区、对外合作排头兵"的职责使命，把绿色食品原料标准化生产基地建设作为保障国家粮食安全、打造长江三角洲绿色优质农产品生产加工供应基地的重要抓手，示范引领现代农业发展，着力在乡村振兴中贡献农垦力量。

一、制度先行，构建科学管理体系

基地充分发挥国有农场规模化、组织化优势，在基地建设领导小组的坚强领导下，潘村湖农场不仅制定了详尽的生产经营管理制度，还建立了风险防控和应急响应机制，从制度层面为绿色食品生产保驾护航。通过设立绿色食品技术宣传栏、农资专供点以及委托第三方检测机构，实现了对农产品生产全过程的透明化管理和严格监管，确保每一环节都符合绿色食品标准。

二、绿色生态，推进美丽基地建设

近年来，基地累计投入超7250万元进行高标准农田建设，提升基地生产水平。搭建了智慧农业管理平台，数字赋能基地农业生产智能化管理。全面推进美丽农场建设，持续开展基地环境整治、改善工程，定期对基地进行道路管护、河道保洁，实行农业投入品集中处置，保持基地灌溉水源清澈、农田整洁，为绿色食品生产提供了良好的自然条件。

三、科技引领,提升基地质量水平

强化科技引领,引进并培育了一批高素质的技术专家和农业技术人员,为绿色食品生产提供了强大的技术支撑,目前基地拥有各类生产技术专家和农业技术人员队伍90余人。与安徽农业大学、安徽省农业科学院开展技术合作,不定期对基地生产管理人员、技术人员、对接企业进行培训,累计培训3200余人次,发放各类生产技术资料5000余份。严格遵循绿色食品生产标准,大力推广应用精量播种、测土配方施肥、节水灌溉、病虫草害综合防控等绿色生产技术,组织开展绿色食品生产试验示范。利用智能农业装备,对农业生产进行全程数字化监测,实现农产品全程可追溯。

四、产业联动,促进绿色食品全产业链发展

按照安徽省农垦集团"强科技、大基地、全产业链"的发展战略,以融入长江三角洲区域一体化发展为契机,积极推动基地生产和产业化经营有机结合,按照生产基地规模化、产地环境无害化、投入品清单化、生产加工规范化、产品流通标准化、质量管理制度化、生产经营专业化的"七化"模式,潘村湖农场成功将绿色食品生产与产业化经营有机结合,形成了从田间到餐桌的全产业链发展模式。通过与国家级农业产业化龙头企业建立稳定合作关系,确保产品销路畅通,实现优质优价,每年可带动农民增收200万元以上。

撰稿:安徽省农垦集团潘村湖农场有限公司　朱文杰
供图:安徽省农垦集团潘村湖农场有限公司　张宏路

秉持绿色与健康发展理念 推进绿色食品原料（大豆）标准化生产基地可持续发展

淮南市潘集区人民政府

安徽省淮南市潘集区地处淮河北岸，素有"走千走万，不如淮河两岸"的美誉，全区耕地面积46万亩，四季分明，雨水充沛，光照充足，土地肥沃。潘集区充分发挥地理环境优势，在高皇镇、平圩镇、架河镇和祁集镇建立了10万亩绿色食品原料（大豆）标准化生产基地，加快种植业发展和产业转型升级，实现农业迈向高质量发展。

一、加强组织建设，发挥管理效能

潘集区政府成立了潘集区绿色食品原料标准化生产基地领导小组，下设绿色食品基地办公室，办公室设在区农业农村局，统一协调发展绿色食品工作。聘请安徽农业大学和安徽省农业科学院的专家成立技术攻关组，加强基地新技术的引进、示范和攻关。同时，把绿色食品原料（大豆）标准化生产基地建设与农业产业化、国家粮油绿色高产高效行动、粮油等主要作物大面积单产提升行动和农业生态环境建设有机结合起来，全面推进基地建设工作，探索基地管理新模式，助力潘集区绿色食品产业高质量发展。

二、完善基础设施，打造绿色生态环境

全面普及绿色生产，加强基地建设管理，改善农田生态环境。基地生产单元选择

生态条件良好、远离各种污染源、具有可持续生产能力的农业生产区域，基地内使用的种子、农药、肥料等投入品品种齐全，无禁用农药生产销售。绿色食品基地办公室加强了对基地环境、生产过程、投入品使用、产品质量、市场检测的档案记录和监督检查，形成常态化监督体系。基地积极采用农业防治、生物防治和物理防治技术，实行病虫害统防统治，进行科学管理。

三、规范标准体系，提升技术服务水平

潘集区绿色食品原料标准化生产基地建立了区、乡（镇）、村（社区）、户生产管理体系，绿色食品基地办公室各级技术管理簿册齐全，登记农户 26200 户。同时，制定了记录册存档制度，田间生产管理记录册填写规范、真实，确保产品可追溯。

生产基地按作物品种实行区域化种植，推广'中黄'系列品种，良种普及率达到100%。生产基地建立了"统一优良品种、统一生产操作规程、统一投入品供应和使用、统一田间管理、统一收获"的绿色食品"五统一"管理措施，推广率达到100%。采用测土配方施肥、无人机统防统控等技术，实现生产绿色化、种植规模化、管理标准化，促进了经济效益同步增长。

四、延长产业链条，拓展农业发展空间

生产基地依托农业产业化龙头企业为载体，巩固种植端基础不动摇，促进产业端发展快速升级，提高产品附加值，以名优农产品开拓国内外市场，推动大豆精深加工全产业链发展。目前，基地开展订单种植面积 10 万亩，对接生产和加工企业共 6 家。全区共有 40 个产品取得绿色食品认证，培育省优质名牌农产品 3 个，培育省、市级龙头企业 9 家，绿色食品生产区域化布局、产业化经营、标准化生产、市场化发展，进一步促进农业增效、农民增收。

撰稿：淮南市潘集区农业技术推广中心　李文浩
供图：淮南市农业技术推广中心　段玉校

"桐"向发力 巩固成果 为绿色发展赋能

桐城市人民政府

安徽省安庆市桐城市全国绿色食品原料（水稻）标准化生产基地面积31.6万亩，涉及8个镇（单元）、139个村、6.1万户农户，对接绿色食品企业16家。基地自建立以来，严格落实绿色食品标准化生产相关制度，有效运行绿色食品基地"七大管理体系"，推动绿色优质农产品规模化、标准化、品牌化发展，有力带动了绿色食品产业提质增效以及周边农民就业增收。

一、厚植组织引领，提高履责效能

基地领导小组由市政府分管负责同志任组长，成员由市农业农村局、市发展改革委、市科技经济信息化局、市财政局、市生态环境分局以及8个镇的主要负责同志组成，为深化农业结构调整、优化农业生产布局、促进农业增效与农民增收提供了有力保障。下设基地领导小组办公室，统筹落实绿色食品全程质量控制的各项标准及制度，开展基地项目技术服务和质量保障体系建设，完善基地监管队伍，引进先进的生产技术和科研成果，加快新技术与新品种的推广应用，增强农业竞争力。

二、夯实基建底座，焕新生产条件

基地按照现代农业和农业产业化发展的要求，狠抓基础设施和环境保护，不断改善和提高基地的生产条件和环境质量。严格落实基地环境保护制度，牢固树立绿色发展理念，将高标准农田建设与原料生产基地建设有效衔接，2020—2024 年累计统筹运用各级财政资金约 5 亿元，对各生产基地内的路、桥、涵、闸实行统一规划与建设。

三、聚焦技术创新，赋能绿色发展

依托安徽省农业科学院水稻研究所、安徽农业大学、桐城市种植业管理中心及乡镇农业技术推广体系的技术力量，组建基地建设技术攻关组和技术指导服务小组，聘请安徽省农业科学院水稻研究所吴文革研究员为首席专家，加强优质高效全程机械化栽培等关键技术的攻关，通过水稻基质育秧、机械化插秧以及水稻新品种的运用，开展富锌技术、堆肥技术、化肥减量增效技术的试验示范，严格执行"统一优良品种、统一生产操作规程、统一投入品供应和使用、统一田间管理、统一收获"的绿色食品"五统一"生产管理制度，普及绿色食品水稻种植技术，良种普及率达 98% 以上。

四、抓牢产销衔接，实现延链增收

坚持"质量立农、绿色兴农、品牌强农"的发展思路，以保质量、树品牌、扩规模、强效益为目标，打造市场认可、消费者放心的绿色食品。目前，桐城市绿色食品认证主体 31 家，认证有机农产品 24 家，登记农产品地理标志 1 个，登记名特优新农产品 10 个，通过良好农业规范认证 15 家，认定全国农产品全程质量控制技术体系试点 2 家。基地对接生产和加工企业共 24 家，其中龙头企业 5 家，绿色食品企业 16 家。2023 年，31.6 万亩绿色食品原料（水稻）标准化生产基地总产量 20.06 万吨，基地作物年产值 7.26 亿元，带动 6.1 万户农户增收 6320 万元。

撰稿：桐城市农业农村局　吴美华
供图：桐城市农业农村局　许清如

重科技 严标准 提质量 推进绿色食品原料（水稻）标准化生产基地高质量发展

南陵县人民政府

安徽省芜湖市南陵县全国绿色食品原料（水稻）标准化生产基地面积20万亩，涵盖许镇镇、弋江镇、籍山镇3个基地单元、78个行政村、7.24万户。南陵县委、县政府聚力打造"种业大县""稻米大县""品牌大县"，大力推进绿色食品原料基地高质量发展。

一、强化组织领导，夯实基地建设

成立了县政府主要领导任组长、分管领导任副组长、10多个相关单位和3个镇为成员的领导小组，特聘安徽省水稻产业技术体系专家并成立专业技术服务指导小组，县基地办公室负责建立健全3个镇、78个村、38家对接龙头企业和全部生产经营主体的相关责任制度，形成了目标具体、责任压实、服务到户、监管到位、考核明晰、运转高效的绿色食品"七大管理体系"。

全县50～500亩规模土地流转面积37.6万亩，占流转总面积的81.4%，测土配方施肥技术覆盖率达94.7%；实施高标准农田项目53.13万亩，有效耕种面积增加1%～3%；促进宜机化、集约化和规模化经营，亩均节约耕作成本50元；每年针对紫云英种植、稻米质量提升投入3000多万元。

二、注重科技引领，加强技术指导

南陵县是全国农作物病虫害绿色防控整建制推进县、全国农作物病虫害专业化统防统治百强县，有'南陵早2号''宁香粳9号'等10个水稻主推品种，主推紫云英绿肥—秸秆协同还田、测土配方施肥、水稻病虫害绿色综合防控、有机肥替代化肥等14项技术，建立了20多个水稻科技示范展示基地，开展了30个中籼杂交水稻新品种、5个早籼稻新品种展示。

持续开展了水稻绿色高产高效行动，推广"芜湖大米＋紫云英"的"一稻一红花"种植方式，促进稻渔（鸭）共生、减少化肥和农药使用、实现"一水两用、一田双收"，探索"菌稻""菌蔬"轮作、废弃的菌棒粉碎回田等种植模式；创建了10个"千亩方"和3个"万亩片"，亩均节本增效5%以上，实现了提质增效和增收。基地内农作物病虫害绿色防控成本明显比其他非区域低30%。病虫害防治中长期预报准确率达到80%以上，短期预报准确率达到90%以上。全年开展水稻绿色高产高效培训10余次，受益超1800人次，培育高素质农民350人。

三、着力智慧服务，提升监管水平

南陵县543家主体入驻安徽省农产品智慧监管平台，"三品一标"和规模主体100%入驻；安徽省"农安康"微信小程序开展基地巡检817次，监督农资店148家，承诺达标合格证亮证行动办案2起并结案。每年召开基地监管专题会议5次以上，由县基地办公室统一组织对基地投入品流通渠道、绿色食品基地生产用投入品开展3次以上专项督查。创建了16家绿色食品原料（水稻）标准化生产基地农资示范店。

2023年，农资打假行动出动执法车辆180余车次，出动执法人员600余人次，检查农资经营主体148家。签订了《农资经营质量安全承诺书》150余份，发放宣传资料1800余份。委托开展种子抽样检测20份、有机肥抽样检测19组、农药抽样检测39组、基地内稻谷抽样检测65组。结案涉农违法案件7起。

四、实现延链增收，彰显品牌效应

南陵拥有自主知识产权的水稻品种有特早熟早稻'南陵早'系列、'南陵软珍'和'云谷一号'。全县有绿色食品大米生产主体22家，认证绿色食品52个、全国名特优新农产品7个、地理标志农产品4个；对接生产和加工企业38家，其中绿色食品企业14家，绿色食品原料使用量占基地原料总量的75%；基地内粮食价格较市场价高0.15元/千克，带动农民总增收18.3亿元以上。

南陵大米获"农产品地理标志登记""中国驰名商标""地理标志产品""首批中国农产品品牌索引目录"4项国字号荣誉；《地理标志产品 南陵大米》省级标准授权使用主体5家，《特早熟早稻品种机播生产技术规程》省级标准已被立项评审，南陵大米系列团体标准正在评审中，标识和包装设计方案正在制定中。2024年中国品牌建设促进会评估认定"南陵大米"品牌价值为43.88亿元。

撰稿：南陵县农业农村局 程诚
供图：南陵县农业农村局 宋平

福建省

"十个强化"推动全国绿色食品原料（茶叶）标准化生产基地高质量发展

漳平市人民政府

福建省龙岩市漳平市自 2010 年创建全国绿色食品原料（茶叶）标准化生产基地以来，通过强化组织保障、政策扶持等十条措施，扎实推进基地农业投入品管理等"七个管理体系"建设，全力推动绿色食品原料标准化生产基地高质高效发展，取得了积极成效：茶叶种植面积达 11.49 万亩，年总产量 1.42 万吨、全产业链年产值近 27.91 亿元；基地内认证绿色食品 32 个，产业化对接率 68.7%，培育省级以上龙头企业（合作社）9 个；漳平市先后被授予"中国名茶之乡""全国重点产茶县（市）""全国十大生态产茶县（市）"荣誉。

漳平市通过"十个强化"推动了漳平全国绿色食品原料（茶叶）标准化生产基地高质量发展。

一是强化组织保障。进一步建立管理机构并完善运行机制，除成立基地领导小组专班外，还成立了由漳平市政府、农业农村局、龙岩市漳平台湾农民创业园管理委员会组成的推进工作领导小组。

二是强化政策扶持。先后出台扶持茶产业发展政策，印发了《漳平茶产业高质量发展五条措施》《漳平茶产业高质量发展三年提升行动方案（2021—2023 年）》。

三是强化绿色措施。实施增施有机肥、套种绿肥、土壤健康提升项目，研配茶叶专用肥，每年推广测土配方施肥技术面积 30 万亩次，测土配方施肥技术覆盖率达 90%以上，化肥使用量减少 20% 以上；推广以螨治螨、黄板杀虫、太阳能杀虫灯等绿色防控技术；应用茶园割草机割草技术，杜绝茶叶生产环节使用除草剂。运用绿色食品种植规程建设清单制、积分制打造生态茶园，建成标准化生态茶园 9.3 万亩，占茶园总面积的 80%，化学农药使用量减少 15% 以上。

四是强化标准化生产。会同中华全国供销合作总社、福建农林大学、福建省茶产业标准化技术委员会等部门及相关企业联合制定《漳平水仙茶》（GH/T 1241—2019)）、《台式乌龙茶》(GB/T 39563—2020)、《台式乌龙茶加工技术规范》(GB/T 39562—2020)等标准，通过统一生产技术标准、统一产品质量控制，形成一整套标准化技术集成体系。

五是强化源头管控。加强农业生产资料经营端源头管控，确保非绿色食品准用农药不进生产基地。加强基地生产检查巡查、风险监测排查、重点监督抽查。2020—2024年，茶叶产品抽检合格率均保持在100%。

六是强化服务机制创新。鼓励茶企开展绿色有机认证，上门指导服务，创新性开展"成片制绿色食品有机农产品"认证服务，将具有食品生产许可证的生产主体全部纳入指导服务对象行列，全市绿色食品、有机产品茶园认证面积达1.6227万亩。

七是强化主体培育。推广"公司（龙头企业）+基地+农户"生产经营与科学管理模式，使产、供、销有机结合；建立相关专家库，以师带徒，提升传承人整体素质；加强电商人才队伍建设，开展茶农全员电商培训，培育网红主播，推广直播带货。培育出了18家龙岩市级农业龙头企业。

八是强化赋码追溯。大力推行食用农产品承诺达标合格证与"一品一码"追溯并行制度，全市747家茶叶企业纳入平台管理。执行农产品赋码出证制度，做到应出尽出，贴码销售，并通过惠农政策与农产品质量安全"四挂钩"制度衔接，进一步压实茶叶生产经营主体质量安全责任。

九是强化数字赋能。依托漳平市茶·花大数据服务平台，开展全域茶园信息登记、气象预报、突发事件预警信息发布等服务。通过生产基地确权、生产信息和供需信息共享，实现茶产业全链条信息化管理。推进智慧茶园、物联网示范点建设，打造数字化、智慧化茶产业生态圈。建成省级数字农业创新应用基地2家，龙岩市物联网示范点3家，省级数字农业储备项目单位4家。

十是强化品牌运营。开展广告语征集、短视频大赛、包装物创意设计大赛等活动，塑造茶叶品牌形象。规范绿色食品标志、有机产品标志、农产品地理标志使用。组织企业参加中国绿色食品博览会、中国国际农产品交易会等各类展会，宣传推介漳平茶叶，拓展品牌影响力，提升品牌价值。福建漳平台品茶业有限公司入选2018年全国首批绿色食品一二三产业融合示范园、2022年度国家级生态农场；漳平水仙茶荣登"2022中国地理标志农产品（茶叶）品牌声誉百强榜"，2023年，中国品牌建设促进会评价"漳平水仙茶"品牌价值达27.15亿元。

撰稿：龙岩市农产品质量安全检验检测中心　范光南
供图：漳平市农业农村局　叶庆秋

绿色食品原料标准化生产基地建设典范

强化绿色食品原料（茶叶）标准化生产基地建设 发展绿色健康茶产业

福安市人民政府

福建省宁德市福安市委、市政府高度重视绿色食品原料（茶叶）标准化生产基地建设，推动绿色食品发展，践行环保、清洁、可持续的茶园管理与生产方式，促进茶产业绿色健康发展，有效促进茶农增收、企业增效、品牌增值、产业升级、乡村振兴。

一、加强组织领导，落实"七大管理体系"

福安市绿色食品原料（茶叶）标准化生产基地面积为12.2万亩，涉及社口镇、潭头镇、坂中乡等10个大单元（乡镇）、213个小单元（村）、17169户农户，涉及面广、人员较多、环节复杂，为系统性抓好基地建设工作，福安市委、市政府成立了茶产业发展领导小组，以市政府主要领导任组长，24个相关单位为成员，统筹协调基地管理，领导小组办公室挂靠市茶产业发展中心，负责具体日常业务，落实组织管理、生产管理、农业投入品管理、技术服务、基础设施和环境保护、产业化经营、监管管理"七大管理体系"工作，并将基地建设情况纳入各乡镇年终绩效评分标准中，形成了目标清晰、责任具体、绩效明确、监管有力、运转主动的质量管理体系。

二、开展技术服务，提升基地管理水平

为切实保障茶叶绿色食品原料基地的科学管理和产品生产，茶产业发展中心等业务部门在茶季开展茶叶质量安全月宣传活动，深入全市20多个乡镇宣讲绿色茶园基地建设等知识，并积极引导全市261位茶技员服务基地农户。不定时邀请专家开展茶叶技术培训，提高基层茶技人才队伍素质，基地创建至今，年均培训10场，累计培训1万人次，发放资料、技术明白纸10万份以上，培育了一批实操能力强、理论知识基础好的新型农民。依托国家、福建省、宁德市、福安市各级风险监测和监督抽查，累计检测茶叶样品5000余批次，有效保障了基地内茶叶质量安全。持续指导生产单位建立健全生产档案、规范农事记录，现全市已有190多家茶企加入产品可追溯体系，坚

持从源头把握茶叶质量关。

三、实施项目带动，优化茶园基础设施

福安市以项目为抓手，先后实施茶叶绿色高质高效行动、"五新"示范推广、新型农业经营主体发展特色农业、优势特色主导产业、5G智慧茶园、茶树良种改造等项目，积极支持和引导基地内茶企和农户改良茶园生态、优化品种结构，推进茶园智慧化管理，升级建设清洁化、连续化厂房，重点推广应用绿色高质高效关键技术与农业"五新"（新品种、新技术、新肥料、新农药、新农具），从而改善了茶园的生态环境与面貌，增强自然调控能力，取得了良好的经济效益和生态效益。目前基地内茶树良种率在98%以上，茶园道路通达，机械化率持续提升，产品质量不断提高，金牡丹茶青产值可达6000～8000元/亩，增收达1000～2000元/亩。

四、建设茶产业链，促进品牌提质增效

打造绿色食品品牌，通过龙头带动、基地支撑、农户参与，鼓励企业与农户建立利益联结关系，助力乡村振兴。加大传统地方特色产品坦洋工夫红茶的品牌建设，创建中国红茶交易中心，培育坦洋工夫坂中园区、坦洋村茶叶加工小微园，依托富春茶城等茶叶市场、结合数字农业项目，进一步建好线上线下平台，提升市场影响力，做实茶旅融合文章。建设全国首个三茶研究院，举办中国红茶大会、首届中国福安茶树苗交易大会等活动，增强了地方茶的品牌影响力，提高了产品附加值。目前福安市获得茶叶绿色食品认证产品169个，认证面积达24555亩，省级龙头企业17家，宁德市级龙头企业25家，"坦洋工夫"被认定为"福农优品"；福安市拥有地理标志保护产品3个，基地内茶产品成品价格较市场价高30%以上，年增收2亿元以上，"坦洋工夫"品牌价值达51.72亿元，有力推动了茶产业集群发展。

撰稿：福安市茶产业发展中心　缪少斌
供图：福安市茶产业发展中心　赖逸馨

引导果农绿色种植　促进乡村振兴

平和县人民政府

平和琯溪蜜柚是一个集国家地理标志证明商标、地理标志保护产品、农产品地理标志三套保护机制加身的著名地理标志产品。早在1997年7月18日就申请注册了国家地理标志证明商标，2007年8月，该证明商标获得"中国驰名商标"称号，之后，又成为中国—欧盟"10+10"地理标志互认保护品种，并先后获得"中国柚王""中华名果""中国名牌农产品""最具影响力中国农产品区域公用品牌"等殊荣。

20世纪80年代，平和琯溪蜜柚仅存3株柚树，经过30多年的持续发力，产业不断发展壮大，目前全县种植面积达72万亩，年产蜜柚超过200万吨，国内市场上每3粒柚子就有一粒是平和县生产的；平和县每年向全世界近50个国家和地区出口蜜柚20多万吨，出口量占全国柚类出口总量的90%以上；年涉柚产值超过100亿元，品牌价值达227.03亿元；全县农民80%的收入来自平和琯溪蜜柚产业，年人均纯收入近2万元。平和琯溪蜜柚创下了全国县级行政区柚类种植面积、年产量、年产值、市场占有率、出口量、品牌价值、对农民年均人收入贡献率共7项全国第一。

平和县委、县政府高度重视平和蜜柚产业高质量发展，引导创办引领型、经营型、技术型农民专业合作社，组织果农以村小组、自然村为单位加入合作社，按照"五统一"要求（统一生产技术、统一生产资料、统一质量标准、统一产品包装、统一产品

销售）管理，实施"种好柚，卖好价"，推进蜜柚绿色生态种植，提高蜜柚产业效益，推进乡村振兴。

一是生产规模及效益显著提升。在基地创建龙头企业的带动下，平和县琯溪蜜柚产业逐步做强做大。2023年，平和县蜜柚生产面积72万亩，产量达200多万吨，创建基地9年来，实现优质果率逐年逐步提高，平均每年优质果率提高3个百分点。

二是确保产品质量。平和县农业农村局农药残留检测中心针对全县蜜柚品种不同成熟期进行不定期抽检，每年对蜜柚抽检样品数达170多个。结果显示，平和县蜜柚果实农药残留、重金属含量等各项质量安全指标均控制在绿色食品规定范围内。

三是发展壮大绿色食品企业。目前基地有福建国农农业、东湖公司、中润公司、三绿公司、鑫农发5家公司获得绿色食品认证，绿色食品认证面积2.71万亩，认证年产量2.445万吨，分别占基地建设面积4.2万亩的64.5%和基地年总产量4.668万吨的52.38%。这5家企业均为所在乡镇最大的蜜柚生产企业，对各个乡镇的蜜柚生产具有较大的影响力，能辐射带动全县85%以上的蜜柚种植向绿色食品方向发展。

撰稿：漳州市绿色食品发展中心　林蔚
供图：平和县农业农村局　叶清林

扎实推进绿色食品原料（水稻）标准化生产基地建设 着力打造"浦城大米"区域公用品牌

浦城县人民政府

随着人们对健康的要求不断提高，绿色食品越来越受到消费者的青睐，为了顺应市场，福建省南平市浦城县委、县政府高度重视，秉持绿色、环保、可持续的发展理念，扎实推进绿色食品原料（水稻）标准化生产基地建设，着力打造"浦城大米"区域公用品牌，基地面积20.27万亩。

一、强化组织管理，完善制度建设

浦城县成立以县长任组长，农业农村、发展改革委、粮食、林业、水利、环保、质量监督、财政、供销及各乡镇（街道）等32个单位主要领导为成员的浦城县创建全国绿色食品原料（水稻）标准化生产基地建设领导小组，对基地建设工作实行统一指挥、统一协调、统一部署。各基地单元也成立了相应的组织机构，形成了县、乡、村、户层层抓落实的工作格局。为保证基地建设工作顺利开展，制定了投入品管理、培训、环境保护、监督管理、技术指导和推广、生产管理等制度。

二、提高科技服务，严格监督管理

每个基地单元均绘制了基地位置和生产地块分布平面图，并对生产地块统一编号，以便于管理；严格执行《绿色食品 肥料使用准则》（NY/T 394），推广测土配方平衡施肥、绿肥种植、秸秆还田及有机肥替代化肥等技术措施；严格执行《绿色食品 农药使用准则》（NY/T 393），遵守"预防为主，综合防治"的植保方针，采用杀虫灯、性诱剂、种植香根草和蜜源植物等绿色防控技术，提升稻谷品质；开展培训，增强环境保护意识，确保农业生态环境保护工作持续、稳定、协调发展。做好田间管理档案，实行签名负责制；开展农产品质量检验检测；建立内部监督制度，对标准落实、投入品使用进行动态监督；基地内农资经营企业全部纳入农资监管平台。

三、加强高标建设，改善环境质量

加强农田基础设施建设，以每年5万亩以上的进度，整乡整村推进高标准农田建设35万亩，占全县耕地面积的65%，累计投入资金3亿余元；加强对基地的水、土、气的监测与管理，创造良好的生态环境；设置农业包装废弃物回收网点，基地内农业包装废弃物回收率100%；建立产地监测网点，对基地重金属、农药残留、肥料利用率等进行长期监测。

四、延伸产业链条，提升品牌价值

加大"浦城大米"区域公用品牌培育，鼓励生产、加工、销售及服务组织等经营主体组建产业联盟，做到既分工又合作，以实现"专业的人做专业的事"，确保全产业链无缝对接，实现稻米品质的提升。基地对接企业25家，对接面积20.1万亩，获证绿色食品企业15家，获证绿色食品产品41个，绿色食品认证面积9.08万亩，占基地总面积的44.8%，为"浦城大米"品牌建设提供了优质原粮。2023年，浦城大米品牌价值达到407.92亿元。

撰稿：福建省绿色食品发展中心　汤宇青
供图：福建省南平市浦城县农业农村局种子站　丁泽晨

强标准　提品质　促营销
践行绿色发展理念
顺昌县人民政府

自 2008 年创建全国绿色食品原料（柑橘）标准化生产基地以来，福建省南平市顺昌县委、县政府始终践行绿色发展理念，紧扣"七大管理体系"开展基地建设与管理工作，通过着力推广"稳产、优质、高效、安全、生态"的标准化精准技术和技术集成配套，有力促进顺昌柑橘产业绿色可持续发展。

一、强化组织领导，健全管理体系

顺昌县委、县政府高度重视全国绿色食品原料（柑橘）标准化生产基地的建设与管理工作，组建了县、乡、村三级质量监督队伍，共有 65 名成员，加强产前、产中、产后的监管，包括基地环境、农户生产过程、农资市场、投入品使用、生产档案等专项巡查；组建了县、乡、村三级生产技术推广队伍，共有 82 名成员，负责《生产者手册》《生产记录本》的编制与发放、技术指导与培训、田间试验示范等工作。

二、完善基础设施，优化基地环境

大力推广果园冬季绿肥种植，连续多年推广柑橘有机肥替代化肥项目，基地基本实现商品有机肥使用全覆盖。严格落实基地环境保护制度，严禁在基地内开设有污染的生产项目。每年顺昌县生态环境局和农业农村局对柑橘生产环境的水、土、气进行质量检测，确保基地环境不被工业"三废"污染；控制农业面源污染，科学施肥，严禁使用违禁农业投入品，不超量使用肥料、农药；及时回收基地内的农资包装物，杜绝乱抛、乱扔现象。

三、加强培训指导，强化示范带动

为提高柑橘农户栽培技术水平和病虫害绿色防控技术，减少农药使用次数和使用量，提高基地产品品质，顺昌县农业农村

局从2018年开始每年都在全县各乡镇建立柑橘病虫害绿色防控和统防统治示范片，推广"冬季清园＋生草栽培＋控梢修剪＋'三挂'技术（捕食螨＋杀虫灯＋黄板）＋精准用药＋增施有机肥"模式，辐射带动周边果农的生产。截至2024年，累计举办各类培训486期，培训人员逾2.4万人次，免费发放各类技术资料4万余份，建立柑橘示范点132个，示范面积18670亩。病虫害防控效果达85%以上，年减少使用化学农药3～4次，减少农药使用量30%以上。

四、多渠道打造宣传，促进产业化发展

顺昌县政府采取"政府主导、企业承办、社会参与、城乡互动、农旅结合"的模式，先后举办了9届柑橘节、柑橘优质果评选以及4次省外柑橘推介活动，每年在市民公园等地举办以"春风万里　绿食有你"为主题的绿色食品宣传月活动，通过中国新闻网等多家国家级、省级、市级媒体的宣传报道，吸引大量观众、客商，

推动柑橘产业聚集。截至2024年，全县原料基地对接企业达到20家，30个产品已获得绿色食品认证，认证面积3.31万亩，占柑橘原料基地总面积的71.96%。

撰稿：福建省南平市农业农村局　黄薇
供图：福建省南平市顺昌县农业农村局　吴联生

绿色食品原料标准化生产基地建设典范

保质量　促提升　推动绿色食品原料（云霄枇杷）标准化生产基地高水平发展

云霄县人民政府

一、强化组织领导，夯实管理体制

福建省漳州市云霄县现种植枇杷 7.3 万亩，年产量 6 万吨，年产值 15 亿元。2021 年 2 月，云霄县续报全国绿色食品原料（云霄枇杷）标准化生产基地获批，基地面积 2.045 万亩，涉及莆美、云陵、和平 3 个乡镇 16 个村的 2399 户果农。云霄县委、县政府高度重视基地建设，经研究，调整充实了云霄县全国绿色食品原料（云霄枇杷）标准化生产基地建设领导小组，构建了以县政府主要领导任组长、分管领导任副组长、16 个相关部门为成员的领导组织体系，领导小组下设办公室和技术指导小组，挂靠在县农业农村局，常年结合高素质农民培训等项目，对全县枇杷生产主体进行生产技术培训，更新知识，培养技术能人，辐射带动枇杷产业发展。

二、狠抓生产管理，确保质量安全

云霄县农业农村局成立专业技术小组，制定生产技术方案。通过项目资金的整合，增加投入以提高基地建设水平，促进基地标准化工作的落实。通过整合现代农业产业园项目、土壤有机质提升项目、农技推广改革与示范项目、"一村一品"、乡村振兴等项目资源，推进基地建设，提升云霄枇杷生产技术水平。印制发放了绿色食品原料标准化生产技术手册 1500 份，设立大型标识牌。建立了"统一优良品种、统一生产操作技术规程、统一投入品供应和使用、统一田间管理、统一收获"绿色食品"五统一"生产管理制度，有效组织农户生产；同时，通过福建省食用农产品承诺达标合格证与"一品一码"追溯并行系统和农资监管平台，加强生产监管，将50家企业纳入系统管理，建立基地农产品质量安全可追溯制度，确保云霄枇杷的质量安全；设立举报监督电话，有效防范了违禁农药的使用，堵住管理环节上的漏洞。

三、强化标准应用，推广绿色生产

遵循《绿色食品 产地环境质量》（NY/T 391—2021）、《绿色食品 农药使用准则》（NY/T 393—2020）、《绿色食品 肥料使用准则》（NY/T 394—2021）等标准，宣贯《地理标志产品 云霄枇杷》（DB35/T 899—2009）、《云霄枇杷 绿色食品生产技术规程》等生产技术规范，并编制《绿色食品原料（云霄枇杷）标准化生产基地技术推广手册》和栽培月历。积极推广套袋、防虫网、有机肥、生物农药、粘虫板、诱虫灯、缓控释肥、生物菌剂等，年推广有机肥1.4万吨、果实套袋2.8亿袋，推广生物防控0.9万亩、粘虫板0.4万亩，减少农药化肥使用，改善农业生态环境，提高枇杷果实质量安全水平，促进农业增效、农民增收。

四、提升品牌建设，力促产业化经营

云霄县委、县政府高度重视绿色食品原料（云霄枇杷）标准化基地建设，先后投入财政资金4000多万元，在基地核心区和平乡建设集观光、旅游、标准化生态枇杷园区，推进农业标准化生产，鼓励企业开发枇杷系列产品，延伸了枇杷产业链，同时鼓励电商企业开展枇杷系列产品销售，促进了产销衔接。云霄枇杷2020年被农业农村部登记为全国名特优新农产品，通过地理标志农产品保护工程项目的实施，2022年"云霄枇杷"被评选为福建十大农产品区域公用品牌之一。

撰稿：漳州市绿色食品发展中心　谢丽丽
供图：云霄县农业农村局　张明理

 江西省 ◀

推动按标生产 实行智慧监管 加强品牌建设 助推绿色食品原料（南丰蜜桔）标准化生产基地高质量发展

南丰县人民政府

江西省抚州市南丰县全国绿色食品原料（南丰蜜桔）标准化生产基地面积26万亩，涉及12个乡镇，县财政每年安排专项资金2000万元，并整合上级项目资金1000万元，对南丰蜜桔（橘）产业高质量发展进行政策扶持。

一、打造标准化生产基地

全县对62个橘园（21704亩）进行标准化改造，在基础设施提升、土壤改良、病虫害绿色防控、树体改造、增施有机肥等方面对基地进行提升建设。基地大力改善标准化生产条件，推行农药化肥减量增效技术，利用杀虫灯和黄板杀虫，减少农药使用量，利用有机肥和菜枯替代化肥，广泛使用高效低毒低残留生物农药、有机肥料，采用人工割草，不使用除草剂。严格落实农药安全间隔期，有效防范农药残留超标。基地张贴《禁限用农药名录》，开展标准宣贯培训，严格落实"三上墙""三到户"制度，推动质量安全情况公示"上墙"，制定了《绿色食品南丰蜜桔生产技术规程》，印发了《绿色食品南丰蜜桔农户生产者使用手册》《农业投入品科学使用手册》。

二、实行智慧监管

南丰县对农药经营实行农业投入品准入备案制、销售台账制，严格执行《农业投入品管理制度》等规定，对基地投入品使用进行严格控制，公布基地允许使用、禁限用农药名单，在乡镇建立农业投入品专供点。县农业执法大队加强对农资经销商、基地生产投入品的执法监管，积极开展农药市场专项整治，杜绝违禁农药和肥料进入南丰市场、流入生产基地，从源头上确保绿色食品南丰蜜桔产品质量安全。基

地实施网格化管理，加强日常巡查检查，加强产地环境和投入品使用管理，建立农药与肥料存放室以及农药与肥料包装袋废弃物回收点，推行电子生产记录制度，完善农事操作和种植用药记录档案，如实记载企业信息、生产记录、检测结果、巡查巡检"四必链"生产经营信息，用信息化手段规范生产经营行为。建立企业自检室，落实内部检查员队伍和自控自检要求，推行"区块链溯源+合格证"合二为一开具模式，做到每批次农产品都开具合格证。

三、加强品牌建设

基地培育绿色优质农产品南丰蜜桔（橘）、南丰蜜广精品，建立南丰蜜桔（橘）营养品质指标体系，与江西省农业科学院农产品质量安全与标准研究所合作开展南丰蜜桔（橘）特征品质指标检测与评价，进行产品分等分级包装销售。同时，基地落实绿色食品包装和标识管理有关规定，提升基地产品形象。全方位开展南丰蜜桔（橘）品牌宣传推介，在中国国际农产品交易会和中国绿色食品博览会召开推介会，大力宣传南丰蜜桔（橘）。同时，在微信、抖音、

微博等新媒体发布短视频、页面广告8幅，曝光次数1.25亿次，在南昌火车站、机场安装广告牌50余块，并引导9家企业分别参加南昌、青岛、上海、深圳、北京等地的展示展销会，大幅提高了南丰蜜桔（橘）的品牌知名度。加强与农产品批发市场、商超、电商、餐饮、集采等单位对接，开展承诺达标合格证亮证行动，培育专业化市场，推动农产品优质优价，提升了基地标准化生产积极性。

撰稿：南丰县农业农村局　刘文财
供图：南丰县农业农村局　曾金寿

绿色食品原料标准化生产基地建设典范

提质增效拓产业　推进绿色食品原料（白莲）标准化生产基地高质量发展

石城县人民政府

江西省赣州市石城县坚持贯彻习近平总书记关于"绿色发展是高质量发展的底色，新质生产力本身就是绿色生产力"的重要理念，以全国绿色食品原料标准化生产基地为抓手，落实"七大管理体系"建设，推动绿色优质农产品提质增效，助力乡村产业振兴。

一、建立长效机制，夯实管理体系

石城县全国绿色食品原料（白莲）标准化生产基地覆盖全县10个乡镇，涉及118个自然村，总面积8万亩。石城县建立了由县政府全面统筹，县农业农村局牵头，财政、环保等部门和各乡镇政府齐抓共管、持续推进的工作格局。强化基地"七大管理体系"建设，组建县、乡、村三级监督管理队伍，监督管理人员达330余人，对白莲基地进行全过程监管。落实"公司+基地+农户""基地+农户"的对接模式，编制《白莲标准化生产基地生产手册》，制定绿色食品专项培训制度，组织开展绿色食品原料（白莲）标准化生产基地专项培训。

二、持续引种试种，提高基地产能

建立白莲良种繁育基地，引进'太空36号''建选17号''建选31号''建选35号''翠玉'等新品种，进行试验试种，与原种性对比抗逆性、耐肥性、抗折性等性状，在提高单产的同时实施品质评价及产品分级，实现优质新品种推广与原有品种提纯复壮同步推进。推行"莲+烟"轮作、"莲+稻"套种技术，有效解决作物争肥、争地问题。推广"莲田养鱼"技术，实现立体种养生态循环，高产高效，调动莲农种植积极性，提高原料基地产能。

三、坚持绿色生产，助推品质提升

全面推行绿色生产模式，推广白莲蜜蜂授粉增产、农药化肥减量增效、绿色防控等技术。根据种植密度，调整蜂群养殖密度，提高果实结籽率。施行农药化肥减量增效行动，推广冬种红花草，实现生态绿肥转换，改良土壤，提高肥力。推广绿色防控技术，安装杀虫灯、悬挂粘虫板，减少农药使用量，提高产品质量。通过绿色生产方式推广，有效降低莲农种植成本的同时，实现白莲增产20%～30%，极大增加了经济效益。

四、拓展产业链条，实现增值增效

坚持以原料基地为基础，以龙头企业为主体，以绿色食品为链条，走向全国，走向世界。目前，依托全国绿色食品原料（白莲）标准化生产基地，全县已孵化市级以上白莲生产龙头企业3家，认证白莲绿色食品与有机农产品11个、全国名特优新农产品1个、地理标志农产品1个，打造"千园绿""石城贡莲"等6个绿色精品品牌。建设中国·赣南白莲集散交易中心，该中心集贸易市场、冷链物流、电子商务于一体，实现"一站式"白莲交易，日交易量达十几万斤。研制白莲风味奶茶，加工白莲罐头，产品远销东南亚、欧洲的10余个国家，推动白莲产业高质量发展。

撰稿：石城县农业农村局　温扬修
供图：石城县农业农村局　温鹏华

多措并举　高标准建设全国绿色食品原料（茶叶）标准化生产基地

遂川县人民政府

江西省吉安市遂川县是拥有 11.6 万亩绿色食品原料（茶叶）标准化生产基地的生态宝地，自 2010 年被批准为首批创建基地以来，已走过 14 年的发展历程。在这里，茶园与自然和谐共生，绿色发展理念深入人心，狗牯脑茶以其独特的品质和标准化生产流程，成为绿色食品原料生产的典范。

一、加大工作落实力度，推进基地建设组织化

遂川县坚持组织化推进基地建设，成立了由县委分管领导任组长的绿色食品原料（茶叶）标准化生产基地建设领导小组，构建了县、乡、村三级联动的工作机制，通过明确任务、落实责任，形成了齐抓共建、协调推进的工作格局，确保了基地建设的高效开展。遂川县把绿色食品原料标准化生产基地建设作为一项富民强县战略，始终坚持不动摇。建立了层层包抓机制，实行县级领导包乡镇、乡镇领导包村（基地）、县乡技术人员包农户，一级抓一级，层层抓落实，直至落实到农户。同时，强化各种检查，加大考核力度，严格兑现奖惩，确保绿色食品原料标准化生产基地建设工作全面有效地开展。

二、提高茶农整体素质，推进基地建设标准化

广泛开展绿色食品培训，把绿色食品知识和生产技术送到茶农手中。一是引进了一批茶叶专家。聘请了陈宗懋院士和刘仲华院士为狗牯脑茶产业发展首席科学家，与中国农业科学院茶叶研究所陈宗懋院士团队签订了产业战略合作协议，与湖南农业大学、江西省蚕桑茶叶科学研究所等建立了长期全面的战略合作关系，还聘请江西省蚕桑茶叶科学研究所杨普香老师为狗牯脑茶产业发展高级顾问。二是组建"茶博士"技

术服务团队。充分发挥县内"茶王"、茶叶技能大师等乡土人才的作用。三是建设了一个省级博士后创新实践基地。通过引进、聚集和培养茶业优秀人才，整合现有科研资源，建设了全省第一家县级博士后创新实践基地，承担茶产业领域关键性、基础性和共性技术研发，并对狗牯脑茶独特的茶科学进行挖掘研究。

三、建立全程监管机制，推进基地建设安全化

农业投入品是绿色食品原料标准化生产基地建设的关键。遂川县加强监管，健全机制，严把农产品投入关，从源头上杜绝了违禁品流入，保证了基地建设的高标准、高质量。建立农业投入品公告和市场准入制度。按照国家有关绿色食品和有机产品生产的有关规定，制定了《遂川县全国绿色食品标准化生产基地农业投入品管理制度》。在基地建设过程中严把"六关"，即区域布局关、品种选用关、基地管理监测关、产品质量追溯关、农户生产档案关、基地环境保护关。

四、开展产业提质增效，推进基地建设品牌化

品牌化是标准化原料基地实现效益的重要途径，遂川县依托资源优势和产业基础，以政策为抓手，以全国绿色食品原料标准化生产基地建设为契机，推进全县茶叶产业化发展，扩大品牌影响力，持续做大做强区域公用品牌。通过11.6

万亩绿色食品原料（茶叶）标准化生产基地建设，带动了全县30多万亩茶叶基地发展，截至2023年底，遂川县茶园面积达30.1万亩，茶叶年产量1.1万吨，综合年产值达29.28亿元。在2023年中国茶叶区域公用品牌价值评估中，"狗牯脑"品牌价值达44.16亿元。"狗牯脑"被评为2022年全国三大"最具品牌经营力"的品牌之一、江西农产品"二十大区域公用品牌"之一和"最受欢迎的江西十大地域消费品牌"之一。

撰稿：遂川县农业农村局　曾小分
供图：遂川县茶产业发展中心　吴义君

全产业链推进全国绿色食品原料（脐橙）标准化生产基地高质量发展

信丰县人民政府

江西省赣州市信丰县是赣南脐橙的发源地，素有"世界橙乡"之称。近年来，信丰县以省部共建江西绿色有机农产品基地试点省为契机，构建农产品"三品一标"全链条推进机制，把脐橙产业作为农业产业的首位来发展，通过建设一批绿色优质基地、实施一批绿色生产规程、选树一批精品农产品、建设一套智慧监管平台、打造一条全产业链的"五个一"方式，擦亮"世界橙乡"名片，推进信丰县全国绿色食品原料（脐橙）标准化生产基地高质量发展。

一、建设一批绿色优质基地，打造"示范场"

县级财政每年安排5000万元专项资金支持脐橙产业高质量发展。建设赣南脐橙核心生产基地，组织编制《赣南脐橙标准化示范果园建设技术纲要》，以"标准化脐橙园"和"高品质栽培基地"为主要抓手，实现脐橙品质控制从管"果"向管"园"转变。截至2023年，信丰县脐橙种植面积28.3万亩，年产量26万吨，年产值超80亿元。创建全国绿色食品原料（脐橙）标准化生产基地15万亩，建设标准化示范果园452个、面积4.3万亩。

二、实施一批绿色生产规程，产出"好品质"

实施"沃土工程"，将其作为脐橙品质提升的第一道工序，严格执行土壤质量标准。推广"宽行窄株、高干低冠、施足基肥、大苗定植"种植模式，使用机械化作业、水肥一体化等技术，提高生产管理效率。定期组织脐橙种植户开展"科学施肥、安全用药"专题培训，提高种植户科学施肥用药的意识、能力和水平。

三、选树一批精品农产品，擦亮"金招牌"

共培育绿色食品9个、有机农产品2个、良好农业规范（GAP）认证脐橙产品9个，成功打造了国家级出口农产品（脐橙）质量安全示范区，持续擦亮"世界橙乡"名片，使赣南脐橙享誉中外，并沿着"一带一路"远销新加坡、马来西亚、俄罗斯等国家。大力实施"互联网+"行动，联手淘宝（天猫）、京东、拼多多、抖音等知名电商平台进行线上营销，累计销售额超过10亿元。

四、建设一套智慧监管平台，打响"达标牌"

推广运用现代信息技术，建设物联网脐橙示范园，对脐橙园的生产、管理、经营、流通、服务等全过程进行数字化设计、可视化表达、智能化控制。每年根据采样检测情况，综合果实品质、果实生育期、气候状况等因素确定最早采摘时间并向社会公告。依托邓秀新院士工作站和罗锡文院士工作站等平台，加快研发重大新技术、新产品、新工艺、新装备。全县50亩以上的脐橙种植基地已全部纳入江西省农产品质量安全大数据智慧监管平台，配备农产品质量安全快检设备，乡镇监管人员可通过"巡检宝"App常态化开展巡检。

五、打造一条全产业链，铸造"融合体"

围绕提升脐橙果品品质，建设占地5000亩的中国赣南脐橙产业园，引进国家脐橙工程技术研究中心博士工作站，开展脐橙采后商品化处理和风味特色型、休闲型、营养型系列产品研发，不断拓展"脐橙+旅游""脐橙+康养""脐橙+文化"等新业态、新模式，建立涵盖脐橙种植、加工、物流、服务、包装、采后处理等各环节，集种植、加工、科研、培训、旅游等各领域于一体的产业"融合体"。当前，产业集群总产值超过80亿元，共培育果农2.8万户、果业合作社165家、果品生产经营企业125家，带动4万余户农户增收致富。

撰稿：赣州市果业发展中心　黄传龙
供图：信丰县果业发展服务中心　黎芳梅

齐抓共管 巩固全国绿色食品原料（水稻）标准化生产基地建设成果

修水县人民政府

江西省九江市修水县全国绿色食品原料（水稻）标准化生产基地于2007年创建，建设规模18万亩，涉及10个乡镇、105个村、1667个村民小组。通过10余年的创建和巩固，有力推进了绿色食品原料基地高质量发展。

一、健全机构，明确责任

一方面，健全组织管理体系。成立了修水县创建全国绿色食品标准化生产基地工作领导小组，统一指导和协调基地建设工作。基地领导小组办公室（基地办）设在县农业农村局，承担基地日常管理和协调工作，并制定了生产管理制度、投入品管理制度、生产技术指导和推广制度、培训制度、环境保护制度和监督管理制度。另一方面，健全技术服务体系。成立了修水县创建全国绿色食品标准化生产基地技术小组，承担基地技术指导、技术培训和生产管理工作，并负责引进新技术、新成果，提高基地建设的科技含量。

二、强化指导，科学实施

制定绿色食品原料生产操作规程，累计印发《生产者使用手册》3万份，将建设绿色食品原料标准化生产基地的意义、生产操作规程、农业投入品清单（含推荐使用农药、肥料清单，以及禁止或限制使用农药、肥料清单）、田间生产管理记录等内容纳入手册中。做到基地集中连片，规模种植，良种普及率达100%。举办绿色食品水稻生产技术培训班13期，培训人员5000人次以上，下发技术资料1.6万份。同时，为绿色食品原料基地的10个乡镇竖立了4米×6米基地建设标识牌，标识牌上明示绿色食品原料生产操作规程，推荐使用、禁用或限用的农业投入品名录。

三、注重环境，提升品质

基地方圆5千米和上风向20千米范围内不得新建有污染源的工矿企业，防止工业"三废"污染基地。大力开展有机肥积造，种植绿肥，推广秸秆还田技术。保证农田灌溉水无污染，施用的农家肥必须经高温发酵，确保无公害，提倡采取农业措施、物理措施、生物措施防治病虫草害，推广测土配方施肥技术。通过各种有效措施，更好地保护和改善基地的生态环境。

四、强化监管，确保安全

基地农业投入品按照基地领导小组办公室制定的农业投入品清单中推荐使用的农药、肥料统一供应。杜绝高毒、高残留农药以及绿色食品原料生产中禁止使用的农药、肥料等农业投入品进入基地。基地领导小组办公室对基地环境、生产过程、投入品使用、产品质量及生产档案进行监督检查。修水县农业执法大队对农业投入品经营市场进行监督检查，从源头上把好农业投入品关。

五、延伸链条，促进增收

鼓励龙头企业与原料基地签订原料收购合同，延伸产业链条，促进产业发展。目前共对接生产加工企业21家，其中绿色食品企业12家，基地产业化对接率81%，基地内粮食收购价格较市场价提高10%左右。实现了企业带动基地发展，取得了良好的经济效益、社会效益和生态效益。

撰稿：修水县农业农村局　黄国红
供图：修水县农业农村局　黄国红

绿色食品原料标准化生产基地建设典范

高标准建设水稻基地 高质量发展粮食产业

宜丰县人民政府

多年来，江西省宜春市宜丰县全力实施"生态立县、绿色发展"战略，协调经济、社会和环境的科学发展，围绕农村发展、农业增效、农民增收目标，高标准建设绿色食品原料（水稻）标准化生产基地，有效促进了全县绿色稻米产业高质量发展。

一、加强组织领导，保障基地工作开展

为有序有效有力推进绿色食品原料（水稻）标准化生产基地建设，成立了宜丰县绿色食品水稻标准化生产基地领导小组，组长由县长担任，副组长由主管、分管农业的县领导担任，成员由县财政、生态环境、商务、市场监督管理、农业农村等20个相关部门的负责人组成。各成员单位分工明确，责任清楚，领导小组办公室设在县农业农村局，办公室主任专人专职；各乡镇（场）也成立了相应的领导小组，组长由乡镇（场）长担任，下设办公室，由主管农业的乡镇领导担任办公室主任；各村成立了村基地单元工作领导小组；县、乡、村三级组织机构完善。

二、完善技术服务，全力支撑基地建设

以帮助农户解决实际问题、提高种植水平为目标，多措并举提供全面的技术服务。由县基地办统一编印生产操作规程、农户操作手册、田间生产管理记录，并依据实际生产情况及时更新，下发到每个基地农户；建立县、乡、村三级绿色食品生产技术推广员服务体系，县级组织以绿色水稻生产技术为主的新型农民培训，下发相关资料达3.5万份，乡镇级提供技术咨询，村级则以科技示范户、种田能人、种植大户为骨干，向广大农户推广绿色水稻生产新技术；在澄塘村建立基地试验田，试验品种16个，在试验区推行良种、科学施肥、推广绿色公共植保、优化种植模式，

为基地选用良种、良法、良技提供支撑。

三、强化基地监管，保障原料质量安全

宜丰县是第二批国家农产品质量安全县，根据基地生产管理要求，县基地领导小组建立健全了监督管理制度，抽调县市场监督管理、生态环境、公安、农业农村等部门人员组成监管队伍，在全面监督的基础上，有重点地对生产过程、投入品使用管理、产地环境、档案管理等进行检查，及时纠正违规操作，对违禁农药进行查处。建立乡级单元基地之间、村级单元基地之间、农户之间相互约束的机制，不定期地进行单元交叉检查，开展评优争先活动，鼓励单元之间和农户之间对违规生产进行举报，如经查实，给予举报者一定奖励，并对被举报者进行相应处理。

四、建设保护生态，优化基地产地环境

为确保原料基地环境质量，宜丰县统筹实施"青山、碧水、蓝天、洁净"四大工程，狠抓造林绿化、农村垃圾处理、清澈河流等工作，严控工业企业"三废"排放，在全县范围内持续开展农业面源污染集中整治工作，从畜禽养殖污染、农用薄膜污染、水产养殖污染、农药及其包装废弃物污染、化肥及其包装废弃物污染、兽药（渔药）及其包装废弃物污染、农村人居环境治理、重点水域禁捕退捕与水生生物保护、农用地土壤污染9个方面开展专项治理工作，切实加强生态环境建设，为发展绿色产业提供良好的生态环境。

五、依托龙头企业，促进稻米产业发展

龙头企业与基地、农户签订收购合同，为农户解决了销售之忧，并积极参与到基地的日常管理中，指导并监督基地农户合理使用化肥、农药，促进基地绿色食品稻米产量、质量不断提升，有效提高了农业质量效益和竞争力，实现了农户增收和龙头企业双增效。以2023年为例，基地绿色食品稻米产量增幅达2%，收购价比非绿色食品大米高出10%以上，经济效益比非项目区每亩高90元以上。2023年，宜丰县绿色食品稻米产业产值达5亿元，带动农户15043户，对接产业化生产企业5个。做大做强宜丰绿色食品稻米品牌，有助于推动乡村全面振兴、农民共同富裕。

撰稿：宜丰县农业农村局　左思敏
供图：宜丰县农业农村局　黄栋林

以科技创新推进全国绿色食品原料（辣椒、扁萝卜、芹菜）标准化基地高质量发展

永丰县人民政府

江西省吉安市永丰县是全国首批无公害蔬菜基地县、国家农产品质量安全县、江西省现代设施农业创新引领区，全县蔬菜面积达25万亩，年总产量50万吨，年产值25亿元。自从2010年成为全国绿色食品原料（辣椒、扁萝卜、芹菜）标准化生产基地以来，永丰县坚持科技创新，推进蔬菜产业高质量发展。

一、强化组织建设，推进基地高位发展

一是健全机构。成立并及时调整了由县长为组长的基地建设领导小组，以及全省唯一的县级蔬菜产业发展中心，负责全县蔬菜产业和基地管理。

二是健全制度。健全了基地管理办法及细则、基地监督、生产管理、基地档案、投入品管理、农资专供点等制度以及县乡村三级技术服务体系，确保绿色蔬菜基地生产规范、有序。

三是完善政策。把蔬菜产业定位为全县农业首位高度，发布了《永丰县蔬菜高质量升级发展实施意见》《永丰县2022—2025年设施蔬菜发展规划》《永丰县优势特色产业（蔬菜）发展规划（2024—2026）》等文件，明确了发展思路，制定了详细的奖补措施，有力推进了全县绿色食品蔬菜高质量发展。

二、强化科技创新，推进基地高质量发展

一是科技创新。与江西农业大学共建江西永丰蔬菜科技小院，通过加入国家级、省级蔬菜产业技术体系，建设全国农业重大技术协同推广试点，联合开展设施蔬菜关

键技术攻关、节本增效技术集成示范，推广并普及了水肥一体化、绿色防控、有机肥替代化肥、穴盘基质育苗、高温闷棚、光子膜、银灰双色地膜等新技术，永丰县成为江西省现代设施农业创新引领区。

二是种业创新。成立全省唯一的县级蔬菜种质资源保护和繁育中心，建立蔬菜种质资源圃，开展提纯复壮和高效栽培研究，永丰辣椒、永丰扁萝卜、永丰香芹等8个地方特色产品被认定为全国名特优新农产品。

三是质量创新。建立农产品追溯和承诺达标合格证制度，佐龙辣椒基地被评为全国首批"三品一标"基地，打造了粤港澳大湾区菜篮子生产基地10个、市级蔬菜标准园13个、省级现代设施农业全产业链标准化基地2个，制定了蔬菜技术和产品标准14项，认定蔬菜食品29个、富硒蔬菜产品30个，正在创建全国蔬菜质量标准中心标准化基地2个。培育"永丰蔬菜"地理商标，以及"欧公菜园""六一菌子"两个区域品牌，主动融入"井冈山"农产品公用区域品牌，永丰特色蔬菜品牌影响力不断扩大。

三、强化模式创新，推进基地协调发展

近年来，永丰县积极探索"龙头企业+基地+乡村振兴学院+新型职业菜农"发展模式，推进蔬菜协调发展。

一是培强龙头。打造了塘头、塘下、田心3个高标准千亩蔬菜标准园，培育省级龙头企业3家、市级龙头企业6家，全部为绿色食品企业，引领全县蔬菜产业发展。

二是培优菜农。由龙头企业引领通过"三统二分"模式（统一规划、统一标准、统一建设，分乡镇管理，分户种植）建立了100多个职业菜农示范基地。通过乡村振兴学院，邀请省内外科研院所、高校专家以及龙头企业技术负责人，开展蔬菜科技人才培育暨新型职业菜农素质提升培训班，每年培训3000余人次，咨询2万余人次，几年来，共培育了4万余名菜农，包括300多名懂技术、善管理、会经营的高素质职业菜农，其中有"80后""90后""00后"年轻一代菜农，为全县蔬菜产业发展注入了新生力量，有效解决了"谁来种"的问题。

撰稿：永丰县蔬菜产业发展中心　涂年生
供图：永丰县蔬菜产业发展中心　涂年生

 山东省

绿色食品原料标准化生产基地建设典范

提质量 稳总量 优结构 推进绿色食品原料（西瓜）标准化生产基地高质量发展

东明县人民政府

山东省菏泽市东明县被称为"黄河入鲁第一县"，广袤的砂质壤土，优质的黄河水浇灌，优越的气候条件，十分适宜西瓜生产。"东明西瓜"先后获得了农业农村部农产品地理标志登记、绿色食品认证，以及国家知识产权局商标局地理标志证明商标注册。2009 年，东明县成功建设全国绿色食品原料（西瓜）标准化生产基地，涵盖小井镇、大屯镇、马头镇 3 个镇，面积 10 万亩。长期以来，东明县委、县政府秉承产业增效、品牌先行的理念，围绕基地建设，坚持实施"西瓜富民，品牌兴县"战略，不断厚植西瓜特色产业发展优势。

一、健全完善管理体系，为基地建设提供组织保障

东明县成立了以分管县长为组长，县农业农村局等 8 个县直部门和基地乡镇政府主要领导为成员的东明县全国绿色食品原料（西瓜）标准化生产基地建设领导小组。围绕基地建设严格按照绿色食品生产技术标准组织生产，同时，强化基地"七大管理体系"建设，各部门根据职责分工，在环境保护、市场监管、人员培训、绿色防控等方面开展了卓有成效的工作，基地建设得到长足发展。

二、加强基础设施建设和环境保护力度，为基地建设创造良好生态、生产条件

相继出台一系列政策，支持基地土地适度规模经营、农业品牌创建，加强人才政策支持，优先进行高标准农田建设，使整个基地形成了田成方、林成网、沟渠相连、路路相通、土地平整、井灌黄灌双配套、旱能浇涝能排的新格局，农田质量进一步改善，为调整优化农业结构、发展优质高产高效农业打下了良好基础。

三、强化技术服务体系建设，为基地建设提供技术支撑

东明县农业农村局成立了相关科室主要负责人为成员的技术小组，负责标准化生产、配方施肥、绿色防控、统防统治、环境保护、新品种对比和引进等方面的工作。每村建有绿色食品宣传栏，每年均发放、张贴西瓜绿色高产栽培技术、病虫害绿色防控技术明白纸1万多份，达到每户均有人掌握绿色栽培技术规程的要求。

四、坚持标准化生产，提升西瓜品质，为品牌创建打下基础

坚持西瓜园区化发展，围绕西瓜生产设施化、设施西瓜园区化发展方向，制定了东明西瓜团体标准（T/DMXXGXH 001—2022）。生产基地坚持统一技术规程，加强西瓜生产技术指导服务，落实统一优良品种、统一集约化育苗、统一生产操作、统一投入品供应和使用、统一田间管理、统一收获上市的"六统一"生产管理制度，实行全程质量控制。坚持做好合作对接，以建设西瓜标准化生产基地县、实施绿色食品西瓜产业化开发为契机，与中国园艺学会西瓜甜瓜专业委员会（挂靠在中国农业科学院郑州果树研究所）、山东农业大学、山东省农业科学院等科研机构进行长期合作，加快东明西瓜绿色食品生产技术普及，通过测土配方施肥、品种更新、技术提升等措施，使东明西瓜质量和效益不断提升。

撰稿：东明县农业农村局　姚忠海
供图：东明县农业农村　刘祥礼

稳扎稳打　稳固全国绿色食品（大蒜）标准化生产基地创建成果

金乡县人民政府

山东省济宁市金乡县依托自然资源优势，以调整农业产业结构为着力点，坚持规模化发展、标准化生产、产业化经营、市场化运作，狠抓绿色食品基地建设，大力发展以大蒜特色产业，全面提高金乡县优质农产品农业综合生产能力。

一、加强组织领导，健全管理体系

成立由县长任组长的绿色食品原料（大蒜）标准化生产基地建设领导小组，设立基地建设管理办公室，明确镇（街道）基地建设负责人及村级具体工作人员，健全县、镇（街道）、村三级组织机构，形成了上下联动、各负其责、齐抓共管的良好态势；县级组建农业技术队伍，镇（街道）配备农业技术推广队伍，基地内每村均有示范户，形成"县有专家、镇有骨干、村有标兵"的三级科技服务体系，结合农时农事，开展绿色食品生产技术指导和服务；以村为单位对地块进行统一编号，建立县、镇（街道）、村三级管理档案，实行区域化种植，每年举办技术培训20次以上，建立"五统一"生产管理制度。

二、强化监管责任，规范技术标准

推广绿色高效生产方式，全面筑牢大蒜品质保障，基地内全部实现按标准生产，并着力推广环境友好型生产技术。推广有机肥替代化肥面积10万亩，推广病虫害绿色防控、地膜污染防治等技术20余项，测土配方施肥覆盖率达到90%以上，农药利用率提高到40%，农田灌溉水有效利用系数达到0.65，大蒜秸秆利用率达到60%。提升质量安全管理水平，全面禁用高毒禁限用农药，设立农药经营电子台账，实现了农药销售可追溯，绿色食品基地大蒜抽检合格率达到100%。加快"互联网+"农业信息化步伐，将5G技术应用于绿色食品原料（大蒜）标准化生产基地，建立追溯监管平台、物联网平台、智慧农业平台，实现农产品全程可追溯，全产业链智能化管理。

三、注重品牌引领，促进高效发展

依托金乡县绿色食品原料（大蒜）标准化生产基地，成功创建全国出口食品农产品质量安全示范区、中国特色农产品优势区，鼓励龙头企业与基地签订原料购销合同，基地大蒜价格平均高出普通大蒜价格0.2元/千克，带动基地农户亩均增收200元以上。"金乡大蒜"品牌获得"中国驰名商标""10+10中国—欧盟地理标志互认"等称号，入选农产品区域公用品牌，品牌价值达到218.19亿元，位列全国农产品第八位、蔬菜类产品第一位。充分发挥金乡县和福隆水发农业发展有限公司、山东鑫诺食品科技有限公司、金乡大蒜国际交易市场等龙头企业在大蒜产业链中的纽带作用，围绕绿色食品大蒜深加工做文章，培育了市级农业产业化龙头企业93家，11家企业获评省级龙头企业。开发出黑蒜制品、大蒜多糖、硒蒜胶囊等40余种产品，实现从食品到保健品、医药品的产业链升级。金乡大蒜出口170多个国家和地区，年交易额达180亿元。

撰稿：金乡县农业农村局　薛爱国
供图：金乡县农业农村局　寻凯

绿色食品原料标准化生产基地建设典范

高标准建设绿色食品原料（小麦、玉米）标准化生产基地 助推现代化农业强县建设

齐河县人民政府

山东省德州市齐河县域处于北纬36°，是国际公认的黄金优麦区，素有鲁北"绿色黄河粮仓"之称，连续16年跻身全国超级产粮大县，连续7年蝉联"全国粮食生产先进县"，成功入选国家农业绿色发展先行区、国家现代农业产业园，成为引领全国粮食生产的一面旗帜，叫响了绿色、生态、安全的齐河粮食品牌。多年来，齐河县委、县政府持续推进绿色高效农业强县建设，2015年建成了80.3万亩全国绿色食品原料（小麦、玉米）标准化生产基地，取得了良好的经济效益、社会效益和生态效益。

一、加强机制建设，完善组织管理体系

齐河县绿色食品原料（小麦、玉米）标准化生产基地规模80.3万亩，涵盖焦庙镇等9个整建制粮食绿色高质高效创建镇，涉及673个行政村61328户农户。成立了以县长为组长，农业农村局、乡镇"一把手"为成员的基地建设领导小组，配备配齐专业技术人员，制定完善了13项生产管理制度；健全了县、乡、村三级组织机构以及县、乡、村、户四级生产管理体系，将绿色生产技术措施执行到村、落实到户；完善了县、乡、村、企业相关主体责任制度，在乡镇基地单元设立大型标识牌、制度牌，形成了目标具体、责任压实、服务到户、监管到位、考核明细、运转高效的组织管理体系，为基地建设管理顺畅运行提供了坚强的保障。

二、优化基础设施，提升基地生产水平

基地内路、林、桥、涵、站、闸设置合理，田间道路全部硬化，基础设施配套齐全，粮田全部实现智能取水、节水灌溉；实现了每50亩一眼机井，每200亩一个网格，每5000亩一支专家队伍，每5万亩一个气象、墒情、虫情综合服务站；把物联网、大数据、云计算这些现代的高科技手段应用到高标准农田建设中，搭建智慧农业监管平台，实现虫情监测、气象观测、病虫害防治和自动喷灌远程控制。建成了"田成方、林成网、路相通、渠相连、旱能浇、涝能排、地力足、灾能减、功能全"的高标准农

田九大配套体系。

三、加强生产管理，确保全程绿色生产

一是建立健全基地档案。以村为单位对所有地块进行统一编号，建立了县、乡、村、户四级管理档案。二是实行区域化种植。按照集中连片、合理规划、规模发展的原则，实行区域化种植，良种普及率100%。三是强化生产管理。制定了《绿色生产种植技术规程》，建立了统一优良品种、统一生产技术规程、统一投入品供应和使用、统一田间管理、统一收获的绿色食品"五统一"生产管理制度；印发《齐河县绿色食品原料标准化生产基地生产者使用手册》12万份，指导农户填写生产管理及销售记录。

四、强化科技支撑，促进技术成果转化

一是加快产学研融合。为破解作物品种更新换代不及时、常规栽培技术增产乏力等问题，2023年10月，成立中国农业大学山东齐河绿色高产种植制度科技小院；2024年5月，由中国农业大学联合11家大学和科研院所在齐河成立全国粮食产能提升技术创新协作组，聚焦小麦、玉米周年生产"卡脖子"关键核心技术开展协同攻关，集成推广小麦"七配套"、玉米"七融合"绿色高质高效标准化技术模式。二是强化技术培训。齐河县组建了91人的农业技术服务队伍，形成了"县有技术专家、乡有技术骨干、村有技术标兵"的三级科技服务体系，及时发布绿色生产技术指导意见，定期发布土壤墒情、病虫害防治简报，组织县乡技术专家包保乡镇，进村入户进行技术指导、措施督导。

五、延伸产业链条，构筑绿色产业联盟

完善"粮头食尾""农头工尾"产业链，建立供种、种植、收获、仓储、加工、销售全链条农业产业体系，推动农业"接二连三"。建设黄河流域（山东）现代农业科学城，高标准推进国家现代农业（粮食）产业园建设，入驻新疆天润、山东鲁粮、山东友康、山东圣喜牛肉等市级以上龙头企业15家。推进订单收购，组织乡镇与龙头企业签订购销合同，订单面积比例达到100%，其中，小麦、玉米（两种作物存在轮作生产情况）绿色食品企业订单面积占基地总面积比例分别是79.8%、75.9%，实现了粮食增产、农民增收、企业增效。

撰稿：齐河县农业农村局　董永
供图：齐河县农业农村局　赵爱民

全"力"以赴发展特色产业
推动绿色食品原料（马铃薯）标准化基地高效发展

滕州市人民政府

作为国家农产品质量安全县（市）、全国农作物病虫害绿色防控示范县（市）、全国农作物病虫害统防统治百强县（市），山东省枣庄市滕州市始终坚持推进两个"三品一标"（农产品"三品一标"指绿色食品、有机产品、达标合格农产品、农产品地理标志；农业生产"三品一标"指品种培优、品质提升、品牌打造和标准化生产）建设，走科技农业、绿色农业、质量农业、品牌农业的发展道路，全力以赴发展马铃薯特色产业，推动绿色食品原料（马铃薯）标准化基地高质高效发展。

一、健全组织体系，增强基地绿色发展推动"力"

20万亩基地覆盖界河镇、龙阳镇等4个基地单元，涉及267个行政村8.1万户农户。滕州市委、市政府成立以主要领导任组长，分管领导任副组长，各相关部门负责人为成员的领导小组，定期研究基地工作开展情况，统筹协调基地建设工作。建立健全市、镇、村、企业四级监管服务体系，形成了目标责任明确、监管服务到位、督导考核明晰的组织管理体系，增强基地发展动力。

二、强化良种培育，激活基地品种发展带动"力"

为提升基地产品品质，深化与中国农业科学院、山东省农业科学院等专业科研院所合作，承担马铃薯新品种筛选试验476项，自主选育的'滕育1号''滕育2号''界星1号'等品种获得国家马铃薯新品种登记。在全国率先建成县级马铃薯组织培养中心，高标准建设智能化育苗、育种温室，实现农业智慧云平台和智能肥水一体化设施生产。培育种薯繁育企业3家，马铃薯原原种年生产能力达3000万粒以上，界河镇成功创建脱毒马铃薯工程技术研究中心、脱毒马铃薯重点实验室，成为鲁南地区规模最大的马铃薯种薯繁育及试验、示范、推广中心。

三、定标准强品牌,提升基地产品核心竞争"力"

以绿色生产为目标,按照"生产轻简化、作业机械化"要求,大力实施栽培设施提档升级行动。全国首创马铃薯多膜覆盖拱棚栽培模式,采用全生物降解地膜、膜上覆土等先进技术向全国推广。先后制定省级、市级马铃薯相关地方标准6项,"滕州马铃薯"地理标志专用团体标准2项。"滕州马铃薯"品牌入选首批"好品山东"、中国农耕农品记忆索引名录,品牌价值达158.52亿元。

四、抓融合促转型,拓展基地产业发展突破"力"

成立滕州市马铃薯产业发展研究院,协调对接基地产业化发展。支持链融(滕州)农产品供应链有限公司等预制菜龙头企业,开发研制马铃薯丝、马铃薯片等马铃薯鲜食净菜产品,以及具有滕州特色的马铃薯煎饼、水饺等主食产品。探索马铃薯精粉、变性淀粉等精深加工产业,全市马铃薯加工龙头企业发展到6家。大力实施"互联网+"战略,联合布瑞克农业互联网,成立马铃薯云、马铃薯产业互联网平台,利用"大数据+数字化供应链+产业互联网"模式,打造国内首个薯业大数据及交易中心,成为全国农业产业链数字化升级示范和国内农产品交易线上化转型的增长亮点,进一步延伸产业链条、拓宽增值空间。

撰稿:滕州市农业农村局　高德胜
供图:滕州市农业农村局　唐茜

绿色食品原料标准化生产基地建设典范

标准引领　绿色先行
推进绿色食品原料（苹果）标准化生产基地高质量发展

烟台市蓬莱区人民政府

山东省烟台市蓬莱区高度重视绿色食品原料（苹果）标准化生产基地建设工作，贯彻实施全程质量控制措施，不遗余力地完善"七大管理体系"建设工作，取得了经济效益、社会效益和生态效益的协同发展。

一、强化领导核心，完善组织架构

蓬莱区政府高度重视，成立了由副区长担任组长、17个相关单位和科室负责人为成员的绿色食品原料（苹果）标准化生产基地领导小组。基地领导小组统筹协调6个镇（街道）、271个自然村的23380户果农，全面推进基地建设管理工作。基地领导小组各成员部门间分工协作、紧密配合、各司其职，构建起高效协同的组织管理体系，确保基地建设工作的顺畅运行。

二、深化培训机制，强化监管效能

全面加强技术服务队伍建设，提升基地技术服务水平，从区、镇两级农业系统里选拔了50余名专业技术骨干，通过"以学促干、以干带学"的方式，着力提升果农的专业素养与管理水平。同时，依托区农业技术推广机构，组建基地建设技术小组，构建了区、镇、村三级联动的技术服务网络，实现了技术服务的全方位覆盖与精准对接。一年来，累计培训果农3890余人次，发放技术手册2.5万册，有效提升了农户的种植技能与管理水平。

建立了区、镇、村、户四级生产监督管理体系，实现了对基地环境、生产过程、投入品使用、产品质量、市场流通及生产档案等关键环节的全方位、多层次监管，保障了基地生产活动的标准化、规范化,确保了产品质量的稳定可靠。

三、优化生态环境,促进绿色发展

高度重视基地生态环境的保护与提升工作,明确规定基地周围 5 千米范围内及主导风向的上风向 20 千米区域内,严禁存在任何污染性企业,建立了废弃物排放管理制度,严禁任何有毒、有害废弃物进入基地区域。同时,依托高标准农田建设、高效节水灌溉、水肥一体化等现代农业项目,实现了与原料生产基地运行的高效融合,提升了基地的生产能力与资源利用效率,促进了农业生产方式的绿色转型。

四、深化市场导向,促进增收增效

积极探索基地运行与产业融合发展的实践路径,将基地的良性运作与龙头企业的壮大、加工能力的提升、品牌影响力的构建以及农民组织化程度的提高等环节紧密相连。通过创新实施"企业+基地+农户"的经营模式,强化了生产企业与生产基地的利益联结,探索出了一条符合地方特色、可持续性发展的道路。

截至目前,依托生产基地建设已培育出省级及以上苹果产业龙头企业 2 家,烟台市级苹果产业龙头企业 1 家。同时,积极构建电子化信息平台,实现了信息资源的共享与高效利用,为产业发展提供了有力的信息支撑。在品牌塑造方面,积极培育绿色食品生产主体,成功认证绿色食品苹果产品 9 个,进一步提升了产品的市场竞争力与品牌附加值。据统计,基地内苹果的价格较普通苹果售价高 0.2 元/千克,累计为果农实现增收 5738 万元,不仅彰显了基地建设与产业化发展相结合的重要价值,也为促进农业增效、农民增收及农村繁荣作出了积极贡献。

撰稿:烟台市蓬莱区农业农村局　顾胜
供图:烟台市蓬莱区农业农村局　姜述威

河南省

新发展　新格局
全国绿色食品原料（小麦、花生）标准化生产基地建设的兰考实践

兰考县人民政府

河南省开封市兰考县全国绿色食品原料（小麦、花生）标准化生产基地面积共计 20.04 万亩，涉及考城镇、葡萄架乡等 9 个乡镇，覆盖 251 个行政村、3.6 万户农户。近年来，兰考县用扎实的基地建设成果引领农业高质量发展，提高供给质量和效率，为乡村振兴提供了强有力的产业支撑。

一、树品牌、强产业，夯实农业绿色发展根基

以县长为组长的基地建设领导组，聚焦基地建设目标，整合农业农村、水利、交通运输等项目资源，紧盯"七大管理体系"高位推动，全力补短板、强弱项、创特色。按照"公司+基地+农户""公司+基地+合作社+农户"等模式，基地对接企业 11 家，对接面积（小麦和花生总面积）36.45 万亩，占基地总面积的 90.9%，创建期内 8 家企业 15 个产品获得绿色食品认证，年使用基地原料 7.41 万吨，占基地原料总量的 48% 以上。兰考县把绿色食品产业列入政府重点工作，严格落实认证奖补（已累计奖补 420 万元）、与大型展会和项目建设挂钩等激励政策，为绿色食品产业快速发展奠定坚实基础。

二、重保护、严监管，强化基地质量控制体系

从基地保护着手，严格按照基地保护区管理办法要求设置原料基地缓冲带、推进

作物秸秆综合化利用、建设地力"加油站"、实行农药包装废弃物回收处理机制、推行"五统一"生产管理模式，切实保护和净化产地环境。从建设质量着眼，依托中国农业科学院、河南省农业科学院和河南省农业农村厅等单位的技术支撑，不断强化绿色食品原料标准化生产技术服务体系建设，将基地建设纳入县、乡、村工作考核并全程督导；将基地内生产经营主体全部纳入追溯管理，

实现从生产、收获、仓储到销售各环节的全程质量管控，形成"政府搭台、企业唱戏、群众参与"的长效机制，基地质量控制体系不断增强。

三、联主体、带农户，打造产业兴旺的强力引擎

基地建设有力推进了兰考县绿色食品产业的发展，目前全县已认证绿色食品126个，"兰考新三宝"（兰考蜜瓜、甘薯、花生）面积分别达3万亩、8万亩和25万亩。基地对接企业逐步成长为发展乡村产业的生力军，例如，河南神人助粮油有限公司对接小麦基地面积6.8万亩，年收购基地小麦3.4万吨，收购价格比市场提高了0.18元/千克，带动农户直接增收608.76万元；兰考大丰植物油有限公司签订6.8万亩原料基地花生的采购订单，年收购基地花生2.1万吨，收购价格比市场价格提高了0.34元/千克，带动农户直接增收695.23万元。以奥吉特生物科技有限公司为代表的一批产业化龙头企业，以树峰种植专业合作社为代表的一批示范合作社，成为推进兰考产业兴旺的强力引擎。

撰稿：兰考县农业农村局　李守仁
供图：兰考县农业农村局　朱卫红

绿色食品原料标准化生产基地建设典范

优结构 提品质 塑品牌 推进绿色食品原料（苹果）标准化生产基地高质量发展

灵宝市人民政府

河南省三门峡市灵宝市全国绿色食品原料（苹果）标准化生产基地，涉及8个乡镇，150个行政村，总面积19.2万亩。近年来，灵宝市坚持标准化生产、绿色化发展，倾力打造"灵宝苹果"品牌，保障农产品有效供给和消费安全，促进农业增效、农民增收，推进灵宝市现代农业建设迈入了一个新阶段。

一、健全组织，全域推动建设

成立了由市长任组长的基地建设领导小组，设立基地建设办公室，构建市、乡、村三级监管和技术服务体系，健全基地建设管理制度，形成了体系完备、机制顺畅、责任明晰、运行高效的组织管理体系，定期晒进度、晒成绩、晒效果，推动各项措施落实落细，强力打通基地建设"最后一公里"。

二、全程控制，实现清洁生产

将原料基地建设与灵宝苹果国家现代农业产业园、水系连通及农村水系综合整治试点县建设等项目有机结合，持续完善基础设施和环保体系。严格落实基地环境保护制度，在基地生产、生活区设置宣传栏48块，设立农业投入品专供点12个，从源头把好投入品使用关口。组建170余人的监管队伍，定期对基地环境、生产过程、投入品使用等进行监督检查。实行溯源管理，将规模化生产企业纳入质量追溯，委托专业检测机构定期对基地产地环境、产品质量以及产品品质进行检测，制作政府监管二维码，让苹果销售拥有"身份证"，实现苹果从生产、采收、分级、包装到销售各环节

的全程质量管控。

三、绿色发展，助力产业升级

按照《地理标志农产品 灵宝苹果》（GB/T 22740—2008），将苹果生产管理细化为99道工序，全面落实"五统一"生产管理制度，主推土壤深翻、果园生草、增施有机肥、绿色防控等生态种植技术，创新推广"果—菌—肥—果""果—电—肥—果"等循环农业模式，年消化利用苹果木15万吨，生产香菇菌袋1.2亿袋、有机肥10万吨，秸秆发电2.1亿度。组建160人组成的绿色食品技术推广队伍，常态化对基地生产管理人员、技术服务人员、对接企业和农户进行培训，累计培训6.2万余人次，发放技术资料5万余份，为产地培养出了一批"乡土专家"。

四、强化融合，打造特色品牌

建成灵宝市高山绿色苹果数字工厂，带动加工、贮藏、销售、包装、运输等关联产业发展，培育加工企业12家，产品涵盖果沙、果汁、果酒、果醋等八大系列100多个品种，远销欧美20多个国家和地区。持续举办农民丰收节、苹果采摘季等活动，不断扩大苹果影响力，"灵宝苹果"品牌价值达200.91亿元。基地苹果市场价格和优果率明显提高，苹果销售价格较周边地区高1元/千克左右，年增加经济收益1.9亿元。

撰稿：灵宝市农业农村局 薛敏生
供图：灵宝市农业农村局 王改丽

绿色食品原料标准化生产基地建设典范

提质量 稳总量 优结构
推进绿色食品原料（小麦、玉米、高粱）标准化生产基地高质量发展

鹿邑县人民政府

河南省周口市鹿邑县委、县政府牢固树立绿色发展理念，把绿色食品原料标准化生产基地建设作为保障国家粮食安全、推进农业高质量发展的具体抓手，持续推动，取得了良好的经济效益、社会效益和生态效益。

一、加强组织领导，完善基地建设机制

鹿邑县绿色食品原料标准化生产基地总面积100万亩，涵盖太清宫镇、穆店乡等19个基地单元，涉及507个行政村、20.8万户农户。鹿邑县成立了以县政府主要领导任组长、分管领导任副组长、20个相关单位为成员的领导小组，统筹协调基地建设工作，设立专门的办公室负责基地技术服务体系和质量保障体系落地实施，并具体承担技术指导和生产管理工作。建立健全鹿邑县龙头企业、新型经营主体等相关责任制度，形成了目标具体、责任压实、服务到户、监管到位、考核明晰、运转高效的组织管理体系。

二、改善基础设施，提升农业生态环境

以提升耕地地力、高效节水灌溉、改善农田生态为重点，推进高标准农田建设与原

料生产基地建设有效衔接，全域化推进，智慧化管理，常态化管护，基地良种覆盖率达100%，田间道路通达率、机械化率、灌溉保证率均达到100%，粮食综合生产能力大幅提升。目前全县已建成高标准农田122.5万亩，占全县耕地面积的98.4%。

三、强化技术指导，提升监管服务水平

按照绿色标准化要求，对基地区域分布进行统一编号，确保产品可追溯。基地单元内农户落实"五统一"生产管理制度。每年落实财政资金1200多万元，实现良种普及、平衡配方施肥和病虫害统一绿色防控。建立监督管理体系，实行全链条控制、全过程监管。县、乡（镇）、村三级监督和技术指导人员对田间生产、投入品使用及生产档案等进行日常监督管理。对基地建设各有关部门工作人员、生产管理人员、技术推广人员、农户开展培训和技术指导，各级各类技术员近900人，常年奔走在田间地头，确保各项生产技术落实到位。

四、延长产业链条，拓展农业发展空间

坚持推行以"绿色食品品牌为纽带，龙头企业为主体，原料基地为依托、农户参与为基础"的产业化发展模式，提升农产品精深加工技术水平。目前，全县共有县级以上农业产业化龙头企业35家，认证绿色食品47个、全国名特优新农产品14个、地理标志农产品2个。宋河酒业认证了绿色食品白酒"宋河粮液（宋陆）""宋河粮液（宋玖）"等；郭记面业、永强面业、华冠种业等建设小麦绿色示范基地，认证了"精制粉""馒头用小麦粉"等绿色食品。在重点做好与澄明食品、牧原食品、满意禽业等企业产销对接工作的基础上，积极推动原料向县域外销售。对接生产和加工企业38家，其中绿色食品企业28家，所使用绿色食品原料占基地原料总量的32.5%。

建设绿色食品原料标准化生产基地是现代农业发展的必然需要与方向所在。坚定走"绿色兴农、质量兴农、品牌强农"之路，持续提升绿色发展水平，在河南农业高质量发展的征程中贡献更多鹿邑力量。

撰稿：鹿邑县农业农村局　李小柳
供图：鹿邑县农业农村局　张素霞

立足山区优势 做好特色产业
巩固绿色食品原料（玉米）标准化生产基地建设成果

栾川县人民政府

河南省洛阳市栾川县委、县政府科学谋划，围绕"七大管理体系"，将县域内具备规模经营优势、生态环境优越、适宜玉米生产种植、海拔在1000米以上的6个乡镇作为绿色食品原料标准化生产基地，生产面积5.29万亩，带动全县大力发展"土特产"。

一、加强组织领导，强化政策保障

栾川县委、县政府把基地创建工作列入县第十三次党代会报告和政府工作报告，纳入年度考核，作为全县重点工作予以攻坚突破。成立了以县长任组长、相关乡镇和县直单位主要负责同志为成员的创建全国绿色食品原料（玉米）标准化生产基地工作领导小组，并制定了绿色原料基地建设方案，在财政、金融、扶贫等方面出台优惠政策支持玉米产业发展。2021—2024年，先后整合投入资金9115万元用于绿色食品原料（玉米）标准化生产基地建设，基地范围内高标准农田覆盖率达到85%，田间道路通达率达到100%，灌溉保证率达到95%，"五统一"覆盖率达到100%，为创建工作打下坚实基础。

二、健全服务体系，严把产品质量

基地成立了由县级技术专家、乡镇级技术指导员、村级农业技术员、科技示范户四级共215人组成的绿色食品生产技术推广服务组织，负责绿色食品生产技术推广和

培训工作，实现了专家技术服务全覆盖，累计服务基地农民5万余人次。

在6个基地单元设立了以测土配方施肥、化肥减量增效、绿色统防统治为主要内容的试验田，开展示范推广应用等工作。建立农作物病虫害智能化监测平台5套，组建专业化植保服务组织9家，年统防统治基地覆盖率98%。

积极开展投入品监管，县市场监督管理局、农业农村局加大联合执法力度，围绕6个创建单元和7家投入品专供点，加大农资市场监管力度，严格查处违规经营、使用禁限用农业投入品等行为，从源头上确保符合绿色食品生产技术规程。并结合"双随机、一公开"每年抽查基地产品不少于5次、抽检产品120余批次，合格率100%。

三、建立户企对接，推进产业化经营

积极引导对接企业直接参与对接基地的日常监督管理和技术指导工作，对农户生产进行指导和监督。绿色食品原料基地的3家对接企业分别与6个乡镇政府签订了监管和购销协议，对接监管面积5.29万亩，监管率100%；年使用基地原料6643.2吨，占基地原料总产量的34.9%以上。目前，栾川县拥有地理标志农产品2个、绿色食品28个、全国名特优新农产品6个，绿色优质农产品年产量达到5.7万吨。

撰稿：洛阳市种业发展中心　夏珂
供图：洛阳市种业发展中心　夏珂

强特色　增绿色
推进绿色食品原料（花生）（辣椒、小麦）标准化生产基地高质量发展

内黄县人民政府

河南省安阳市内黄县牢固树立绿色发展理念，突出区域特色，擦亮内黄底色，推进绿色食品原料标准化生产基地高质量发展，"双基地"建设成效显著。

一、持续创建，久久为功，创建特色产业"双基地"

2016年1月，作为河南省首批绿色食品原料基地创建单位，内黄县创建10万亩全国绿色食品原料（花生）标准化生产基地，2021年成功续报。2021年12月，又成功创建15.13万亩全国绿色食品原料（辣椒、小麦）标准化生产基地，成为全国绿色食品原料（花生）（辣椒、小麦）标准化生产"双基地"，创建范围涉及11个乡镇，其中花生基地涉及5个乡镇、48个行政村、13681户农户，辣椒、小麦基地涉及8个乡镇、123个行政村、23591户农户，持续推进内黄县农业优势产业标准化、规范化、绿色化发展，为河南省农业高质量发展作出了内黄贡献。

二、明确责任，上下联动，做好"一盘棋"网格管理

为保障"双基地"建设顺利开展，内黄县成立由县政府主要领导任组长的领导小组，统一协调指导基地建设工作。技术服务体系和质量保障体系逐步健全，县、乡、村三级按照"范围清晰、管理便捷、无缝对接、全面覆盖"原则，实行"区域定格、

网格定人、人员定责"的网格化监管,做到"县有中心、乡有站、村村都有管理员"。基地水电路管等配套设施建设不断加强,基地标准化生产水平进一步提升,全县花生良种覆盖率达到99%以上。各成员单位职责清晰、分工明确、通力协作、各司其职,形成原料基地建设"七大管理体系"分块分条推进、齐抓共管的态势,稳步推进绿色原料标准化生产基地高质量发展。

三、科技引领,健康发展,"四平台"模式打造放心农产品

"产得出,管得了,卖得好",内黄县擦亮特色产业绿色招牌,打造果蔬城销售平台、农博园科技推广平台、农产品质检追溯平台、电商服务平台"四平台",创造了"平台服务、智能监管、绿色发展"的内黄模式。目前,内黄县拥有豫北地区最大的尖椒集散地市场,年交易总量达20万吨;花生果年出口达到3000吨以上,外贸出口量居河南省前列;全县500余家绿色原料基地生产、经营、加工等单位全部纳入农产品质量安全追溯平台,实现从田间地头到包装、贮藏、运输、销售等环节全程管控和安全可追溯,走出了一条标准化生产、规模化发展、品牌化带动、产业化推进的路子,在农业绿色发展中发挥着示范引领作用。

四、延链强链,绿色发展,加快绿色资源转化升值

按照"强龙头、带基地、建园区、延链条、育市场、创品牌"的思路,内黄县加快绿色食品原料基地资源转化升值,以"农头工尾"为抓手,围绕"拉长产业链、拓宽销售链、提升价值链",高质量发展助力乡村振兴。目前,全县县级以上农业产业化龙头企业54家,认证绿色食品53个、地理标志农产品4个、全国名特优新农产品6个。绿色食品原料标准化生产基地产业对接率超过80%,绿色食品转化率超过50%。内黄盛康食品有限公司、宋都老倔厨有限公司、安阳市兴隆农产品有限公司等以基地花生、尖椒等为原料生产的绿色食品畅销全国20多个省(区、市),辣椒制品出口到美国、西班牙、墨西哥等10多个国家和地区,2023年创汇1566.2万美元,对助力乡村振兴、稳定就业起到强有力的支撑作用。

撰稿:安阳市农村社会事业发展服务中心　黄雅凤
供图:内黄县农业农村局　郭秀英

强标准　重品牌　科技赋能打造绿色食品原料（大蒜、玉米）标准化生产基地三链同构新业态

杞县人民政府

河南省开封市杞县全国绿色食品原料（大蒜、玉米）标准化生产基地于2022年11月获批，基地面积40万亩，14个建设单元涉及13个乡镇、309个行政村。杞县县委、县政府坚持以绿色标准化引领基地高质量发展，聚焦建设目标，聚力高位推动，紧盯"七大管理体系"，补短板、强弱项、创特色，推进原料基地建设。

一、严控生产标准，聚力绿色发展

杞县严格选种、种植、收获等关键环节规程，以有机肥替代化肥、农药化肥减量增效、绿色统防统治等措施践行了"五统一"生产管理制度。杞县主导制定的《地理标志产品　杞县大蒜》等4项大蒜类河南省地方标准在全省推广实施，进一步规范了种植、贮藏、销售、加工的绿色标准化。杞县投资1.1亿元购入国际先进的检测仪器，在国内率先建成了河南省大蒜及大蒜制品质量监督检测中心，为基地提供了全产业链检测服务和质量保障。

二、强化宣传推动，深化品牌效应

2023年，"中国·杞县大蒜北京推介会"在人民日报社人民网一号演播室成功举办，提升了杞县大蒜在全国的品牌影响力，强化了消费者的品牌忠诚度。2024年，杞县与浙江大学芒种品牌管理有限公司合作共同发布了"杞县大蒜"公用品牌形象和杞县大蒜形象宣传片。近年来，杞县每年举办全国大蒜年会，开展大蒜"蒜王擂台赛"和"初加工技能比赛"，推动了杞县大蒜绿色化和标准化进程。"走出去""请进来"促进了杞县大蒜产业的高质量发展。

三、搭建科研平台，践行科创引领

基地核心生产企业杞县潘安食品有限公司是中国农业大学教授工作站和研究生联合培养基地，取得

16项技术成果，获得10项国家专利。河南省农业大学在杞县建设了科技小院，专家团队常驻杞县原料基地开展大蒜绿色生产研究。2024年，基地的品牌影响力推动杞县与河南省农业科学院达成"院县共建（大蒜）协议"，河南省农业科学院9个研究所在杞县原料基地开展大蒜生产、加工、信息化研究。目前，杞县已与西北农林科技大学达成初步合作意向，成为该校大蒜研究的定点基地。杞县大蒜正在突破"原字号""食字号"，向"健字号""药字号""妆字号"进军。

四、推进三产融合，健全经营模式

一是打造杞县大蒜市场交易"集散地"，完善基地仓储服务基础设施。2024年，杞县大蒜国际市场被认定为农业农村部定点交易市场，杞县基地通过项目补贴和项目引进，两年来新增大蒜仓储能力20万吨，已形成了"县级冷库集群＋乡级集配中心＋村级冷藏基地"的三级冷藏保鲜网络体系。二是健全物流运输体系。基地内建成了105个物流运输网点和占地5万米^{2}的全自动化快递物流分拣中心，日分拣能力达到200万件。杞县组建了大蒜冷链运输队，日运输能力达500余吨，形成国内3天送达、全球2周送达的高效运输网络。三是延展销售服务平台。杞县积极对接郑州商品交易所，建设大蒜现货交易平台。积极对接牡丹国际商品交易中心，完善大蒜期货交割仓，推进大蒜"期货＋现货"交易。四是开展产业经营服务，全方位促进基地原料对接。杞县积极培育本地龙头企业，提升原料成果转化，近两年新培育国家级龙头企业1家、省级龙头企业3家。杞县多次召开基地产品对接会，向外地企业推介杞县优质绿色食品，2024年与外地企业达成原料对接15万吨。

撰稿：杞县农业农村局　郭志刚
供图：杞县农业农村局　郭志刚

绿色食品原料标准化生产基地建设典范

抓绿色 争创新 强品牌
推动汝阳红薯产业高质量发展

汝阳县人民政府

河南省洛阳市汝阳县坚持生态优先、绿色发展，变"绿"成"金"，把全国绿色食品原料标准化生产基地建设作为推进农业高质量发展的重要抓手，为加快汝阳红薯（甘薯）产业发展、推动乡村振兴注入强劲动力。

一、坚守绿色，提高标准，确保绿色基地品质提升

汝阳县对21家规模养殖场进行生态化改造，加强对基地水、土、气的监测与管理，保证不被工业"三废"污染，为绿色食品生产创造良好的生态环境。落实"预防为主，综合防治"的植保方针，倡导生物防治，制定基地允许使用农药清单及肥料使用准则。实施测土配方施肥技术，全县土壤养分测定面积达47.4万亩；在增施有机肥的基础上，稳氮、控磷、补钾并增施中微量元素肥料，红薯产量与品质大幅提高。建立县、乡、村、户四级生产管理体系，8282户分散的小农户由89户种植大户或合作社组织生产管理，实现了统一优良品种、统一生产操作规程、统一投入品供应和使用、统一田间管理、统一收获的"五统一"生产管理制度，提高了标准化生产水平。大力支持绿色食品认证工作，每个获得绿色食品认证的产品，均由县政府给予2万元的奖补。汝阳县现有绿色食品65个，其中基地内绿色食品红薯产品11个。

二、加强创新，科技赋能，增强红薯产业发展驱动力

聚焦红薯脱毒育苗这个关键环节，投入资金1500万元，建设中原红薯种业中心。该中心占地面积512亩，拥有1个3000米^{2}的现代化连栋温室、37个日光温室、43座种薯储藏窖。引进'红瑶''哈

密''心香'等10余个新品种,每年可生产脱毒薯苗1亿株。结合汝阳地形多为丘陵山区的特点,推广红薯陇膜轻简化高效栽培种植技术,通过采用高起陇、膜下滴管、平栽苗等技术,收获时间由10月提前到8月上旬,实现错峰销售。创新红薯"一年两收"高效种植模式,采用覆膜生产技术、机械化技术和水肥一体化等多项技术,实现多项技术的集成和优化,改进红薯的生产制度,增加农民收入。

三、强化品牌,增值增效,带动红薯产业高质量发展

通过绿色原料基地的示范带动,汝阳县红薯标准化种植面积逐步扩大,目前已达16万亩。全国绿色食品原料(红薯)标准化生产基地这一"金字招牌",吸引了国内鲜食红薯销售第一品牌"地瓜皇后"落户汝阳,共同打造"地瓜皇后+汝阳红薯"绿色食品品牌。对汝阳红薯产品进行统一形象设计和包装推介,提高了汝阳红薯的知名度、辨识度、影响力。汝阳红薯入选全国名特优新农产品目录、全国"土特产"推介名录,荣获"2023品牌农业神农奖"。"汝阳红薯"品牌发展进一步促进了农文旅融合,汝阳县成功举办了14届红薯擂台赛,"红薯小镇"窑沟村荣获"河南省乡村旅游特色村"荣誉称号。"汝阳红薯"品牌价值明显提升,全县红薯产业综合年产值超过15亿元,一个个小红薯正在"串珠成链",托起百姓增收致富的"甜蜜梦"。

撰稿:洛阳市种业发展中心 夏珂
供图:洛阳市种业发展中心 夏珂

舞钢市厚植生态农业底色
高质量创建当好"领头雁"

舞钢市人民政府

作为全国唯——座以驻市企业命名的现代化工业旅游城市，河南省平顶山市舞钢市用绿色厚植农业发展底色，坚持"走特色化路，打差异化牌"，躬耕"精、特、优"三篇文章，描绘出一幅乡村生机勃勃、基地绿意盎然、产业风生水起、人民安居乐业的全国乡村振兴示范县（市）新画卷。

一、勇立潮头，敢为先，奋力当好"领头雁"

近年来，舞钢市委、市政府坚持以绿色标准引领农业发展，紧抓 2019 年创建全国绿色食品原料标准化生产基地的重大机遇，聚焦建设目标，聚力高位推动，紧盯"七大管理体系"，补短板、强弱项、创特色，高标准成功创建全国绿色食品原料（小麦、玉米）标准化生产基地 16.9 万亩。2020 年 7 月，河南省首个全国绿色食品原料标准化生产基地创建现场培训会在舞钢市召开，总结出"舞钢模式"。舞钢成为创建基地的典范，先后有 30 多个县（市、区）到舞钢学习交流，为推动全省绿色农业再上新台阶作出突出贡献，赢得了上级领导的肯定和业内同行的赞誉。

二、绿色创建，促发展，"链"起产业"新希望"

舞钢市高位推动，做实原料基地创建与高标准农田建设、粮食高产创建、农业产业化经营、智慧农业"四结合"，提升基础设施、综合生产能力、绿色管理和现代化信

息化水平。以绿色种植带动绿色养殖，延展绿色链条。同时，大力实施品牌战略，引导龙头企业开展绿色食品认证，基地创建以来有15个产品获得绿色食品标志许可。与天成鸽业、鸿发禽业、东超养殖等6家绿色食品企业签订购销协议，订单总量达到基地总面积的82.2%，推动了全市农业产业化、品牌化、标准化、规模化、绿色化高质量发展。

三、驰而不息，不停步，久久为功"固成果"

全国绿色食品原料标准化生产基地建设管理工作是一场持久战，舞钢市坚决摒弃基地创建成功后"放一放、松一松"的思想，高位推动，把基地建设管理工作作为"一把手"工程。舞钢市委常委会、市政府常务会多次听取工作汇报，及时研究解决工作中存在的问题。各相关单位分辖区、分领域负责，构建分工明确、各司其职的责任体系，形成

上下齐抓共管的强大合力。持续科技引领、贴心服务。在播种、田间管理等关键环节，科技人员走村入户开展科技培训和技术服务。

舞钢市持续坚持"三链同构"，树牢"全产业链条发展"理念，大力发展面粉、挂面等面制品加工业以及肉鸽、肉鸡、生猪等畜禽养殖业，培育特色农业产业联合体。持续做好基地与农产品加工企业的有效衔接，形成"政府推动有力、企业带动给力、农户参与得力"的良性发展机制。围绕基地管理、生产投入品和绿色食品标准化生产3个方面，持续对投入品、基地环境、生产过程、产品质量、标志使用等进行监督检查；把基地管理工作列为年度重点督察事项，为基地建设管理工作提供强有力的保障。全市上下凝心聚力，全力巩固提升创建成果。

一路探寻，舞钢市从理论的发掘到行动的落地，绿色产业在实干中转型突进。舞钢市经济实力明显增强、城乡发展融合协调、生态环境优美宜居、人民福祉持续增进，舞钢市大跨步走好新时代的赶考之路，奋力打造中原农业绿色发展新标杆。

撰稿：舞钢市乡村产业发展中心　陈丽
供图：舞钢市乡村产业发展中心　王晓山

绿色食品原料标准化生产基地建设典范

加强绿色标准化基地建设
推进延津农业高质量发展

延津县人民政府

河南省新乡市延津县委、县政府把加强农业"三品一标"基地建设作为推进延津农业高质量发展的突破口，围绕小麦、花生两大主导产业，大力实施农产品"品质品牌提升"战略，坚持"优质、特色、生态、专用"的发展导向，以及产业化、集群化和产业融合的发展理念，统筹整合各种农业项目和资源，不断拓展绿色品牌的深度和广度，不仅建成了60万亩全国最大的绿色食品原料（小麦）标准化生产基地，也成功创建了国家级农产品质量安全县、国家级优质小麦现代农业产业园，以延津小麦为核心的新乡小麦被认定为国家地理标志农产品，小麦绿色产业化发展取得了多项开创性突破。

一、强化组织领导，完善基地机制建设

延津县政府成立了农业绿色发展领导小组，建立了农业农村、生态环境、市场监督管理、自然资源等多部门联动机制；出台了一系列鼓励支持"三品一标"基地建设的政策；不断强化基地的管理体系建设，加大投入，严抓细管，产品质量得以全面提升。

二、加强技术指导，提升科技含量和服务水平

一是制定发布了《延津县绿色食品原料（小麦）生产技术规程》，编写了技术明白纸和《农户使用手册》，通过多种途径培训指导基地农户规范生产。二是建立了基地供种、播种、管理、收获、销售管理制度，实现了绿色小麦专种、专收、专储、专用。三是严格落实绿色食品基地投入品管理的各项规定，合作社统一配送、管理投入品。四是建立了病虫草害绿色防控体系，整合国家产业园创建、数字大田、高标准农田建设等项目，建立

了智慧农业大数据平台，配备了太阳能杀虫灯和无人机防控队伍。

三、完善档案记录，实现全程监管可追溯

不断完善农产品质量检测、监管和追溯体系，从生产到销售的每一个环节均可双向互查，逐步建立绿色食品生产、运输、储藏、加工、销售等各个环节的记录制度。设置农业投入品专供点，建立进销台账和索证索票制度，定期开展农资打假专项治理行动和农产品生产基地专项整治行动，积极推进"一控、两减、三基本"农业面源污染防控，为基地生产保驾护航。

四、延长产业链，实现一二三产业融合

以绿色食品小麦原料资源招商，先后吸引克明面业、鲁花集团、桂柳牧业、豫粮集团、京粮集团、精益珍食品等50多家知名龙头企业入驻延津县，培育了帝益麦种业等多家本土企业，形成了产值百亿元级的小麦产业集群。积极引导企业开展绿色食品认证，现有的60万亩绿色食品标准化生产小麦基地主要对接5家经营主体，基地产业化对接率达76%；认证绿色食品10个、全国名特优新农产品4个、地理标志农产品2个。在建设绿色食品基地的基础上，延津县积极拓展小麦产品加工的深度与广度，同贵州茅台酒集团合作，建立了8.2万亩有机小麦酿酒原料基地。

五、加强品牌建设，讲好"延津小麦故事"

2009年被认定为绿色食品原料（小麦）标准化生产基地以来，不断书写延津小麦的品牌故事：生产创标准，原粮有商标，发展有模式，区域有品牌……下一步，延津县正在探索如何把区域品牌价值转化为实实在在的经济价值，如何通过产业发展带动县域经济跨越发展，如何拓宽小麦非农非食品功能，以及如何通过绿色食品基地创建，把延津小麦打造成代表国家级小麦产业水平的品牌高地。

撰稿：延津县农业产业发展服务中心　朱日同
供图：延津县农业产业发展服务中心　史振东

湖北省

打好巩固创建"组合拳" 谱写"金色名片"新篇章

汉川市人民政府

湖北省孝感市汉川市地处江汉平原腹地。近年来，汉川市牢固树立绿色发展理念，依托全国绿色食品原料（莲藕）标准化生产基地（涉及3个乡镇，面积4.6万亩）的"金色名片"，打好"组合拳"，做深"藕文章"，推动莲藕产业不断做特做优，增创了全市农业竞争新优势，构建了农业高质量发展新格局。

一、宣传发动"浓"氛围，凝聚标准化生产共识

汉川市在基地内竖立了"全国绿色食品原料（莲藕）标准化生产基地"标识牌，在基地田间道路两旁建设了绿色食品原料标准化生产宣传长廊。每年3—6月，全市举办培训班5场次以上，培训农民400多人次，印发技术资料3500多份。通过宣传造势，全市形成莲藕标准化生产的浓厚氛围。

二、生产基地"实"建设，夯实标准化生产根基

基地是标准化生产的基础，全市加快绿色食品原料（莲藕）标准化生产基地建设，将其作为示范样板，辐射带动全市农业标准化生产基地建设。全市现已建成标准化生产基地4.6万亩，其中核心示范区5000亩。基地覆盖刘家隔镇、麻河镇、汈汊湖养殖场等乡镇（场），涉及农户1488户，辐射周边韩集乡、分水镇、城隍镇等5个乡镇，带动农户7000余户。绿色食品原料（莲藕）标准化生产基地亩均增产110千克，亩均节本增收210元，农户总增收960万元。

三、技术指导"硬"举措，提升标准化生产水平

汉川市以科技为支撑，持续发力，推动绿色食品原料（莲藕）标准化生产提档升级。一是建网络。全市建立了以"村组示范户为基础，乡镇技术员为骨干，县市指导员为核心"的金字塔式标准化生产技术服务新体系。二是定规程。结合全市莲藕生产

实际，编印了《绿色食品原料（莲藕）标准化生产基地技术手册》6000余册分发给基地农户，张贴《告农户绿色食品莲藕生产明白书》1000余份，做到基地建设生产技术有标准、操作有规程。三是抓示范。每年3—6月，组织绿色食品管理等方面的人才，特邀湖北省、武汉市水生蔬菜专家，在绿色食品原料（莲藕）标准化生产基地开展技术培训，免费安装太阳能杀虫灯，开展

病虫害绿色防控技术示范，实行"零距离""保姆式"技术服务指导。四是强管理。全面推行统一优良品种、统一生产操作规程、统一测土配方施肥、统一病虫害防治、统一投入品使用、统一收获包装的"六统一"的服务模式，提高标准化生产水平。

四、监督管理"严"把关，确保标准化生产质量

质量是绿色食品的生命。汉川市按照"事前源头治理，事中过程控制，事后跟踪监测"的原则，全面推进质量保障体系建设，切实加强农业投入品监管。一是严把查禁关。采取经常性检查与集中整治相结合的方式，全面开展禁限用农药销售和使用的检查，每年检查农资经营企业及经营户130余次，杜绝禁限用农药的销售和使用。二是严把经销关。对绿色食品原料（莲藕）标准化生产基地农资经营点统一监管，设立绿色农资经营门店，签订诚信经营、守法经营承诺书，完善农资经营进销台账，规范经营行为，确保用药安全。三是严把检测关。在生产基地、产地批发市场、加工企业设立蔬菜质量安全检测站，配备农残速测仪，开展产地检测和产品自检。

五、组织领导"强"责任，形成标准化生产合力

汉川市成立了以分管市领导为组长、市直相关单位负责人为成员的领导小组，负责绿色食品原料（莲藕）标准化生产基地建设的组织领导和督导协调工作。领导小组下设工作专班，确定基地建设时间表、任务书、施工图，明确责任，落实到人，形成一级抓一级、一级对一级负责、层层落实的浓厚氛围。

撰稿：汉川市农业技术推广中心　　刘翔
供图：汉川市农业技术推广中心　　范婉梅

强管理 细措施 推动绿色食品原料（藤茶）标准化生产基地跨越式发展

来凤县人民政府

湖北省恩施土家族苗族自治州来凤县是"中国藤茶之乡"，全县共种植藤茶 9.15 万亩，其中全国绿色食品原料标准化生产基地 5.2 万亩，有机农产品基地 0.16 万亩，绿色食品认证面积 1.6 万亩。绿色食品原料标准化生产基地涵盖 8 个乡镇、81 个村、17420 户农户，年均产量 2.73 万吨，年创造产值 10.4 亿元，占全县农业总产值的 40.9%，是来凤县农业产业发展及乡村振兴的中坚力量。近年来，该县侧重实施绿色食品原料标准化生产基地建设总体战略，严抓标准化管理，突出细化措施，有力地促进了企业增效及产业发展。

一、产业规模与标准化建设齐头并进

来凤县通过制订产业发展规划，科学布局生产基地，取得明显成效。各乡镇按照藤茶产业发展要求，全面落实《藤茶种植技术规程》（NY/T 3562—2020），制订年度基地发展计划，以统一标准下发种苗，统一技术标准栽种，统一田间管理措施，统一农业投入品，保障有序生产。根据种植时间节点，有针对性地开展标准化种植技术培训，确保技术下到田间。逐步发展基地规模的同时，在各乡镇掀起基地标准化建设的热潮。

二、扶持企业与店小二服务步步跟进

来凤县将藤茶产业定位为核心产业，从政策、技术、投入方面进行台账式管理，先后出台 10 余项奖补政策完善激励机制，并设立来凤县藤茶产业服务中心，统一管理来凤藤茶生产，以此为节点，连接各乡镇，形成坚实闭环，为企业提供"无事不扰、有呼必应、召之即来"服务。在政策执行方面，严查优化营商环境的部门责任与服务成效，广泛征询企业对行政服务的需求及建议，为企业提供节本增效咨询，切实优化发展环境、提升综合效益、打造服务平台。全县 14 家绿色食品认证企业的 56 个认证产品中，10 家藤茶企业 38 个产品形成了藤茶发展的高转速引擎；州规划年产业增长率 5%、县自我规划产业增长率

10% 的目标成了产业发展的增压推进器。2023 年 4 月，湖北酉凤来硒生态农业科技有限公司的"山货捕手"藤茶获第十五届中国国际有机食品博览会金奖；2023 年 9 月，来凤县成功召开首届国际藤茶大会；2024 年 1 月，来凤藤茶纳入中国农耕农品记忆索引名录；2024 年 8 月，来凤县第二届国际藤茶大会成功召开。

三、绿水青山与产业宝库提升发展后劲

近年来，来凤县严格落实"两山"建设责任制，规范农业产业发展"一控、两减、三基本"根本性要求，以农业安全体系建设为抓手，抓源头、抓流通、抓宣传，多层次开展农业生产生态保护与产业提质增效等主题培训，以市场主体、农业大户、一般农户为培训对象，有针对性地制定培训内容，切实保护农村生态、保障绿色食品原料标准化生产基地初级产品的整体产出质量，来凤金祈藤茶生物有限公司黄柏园绿色藤茶基地、湖北酉凤来硒生态农业科技有限公司桑树坪有机藤茶基地已成为乡镇藤茶产业综合发展的璀璨明珠。全县农村空气环境质量达到《环境空气质量标准》（GB 3095—2012）二类区标准；主要河流总

体水质状况良好；耕地土壤环境质量在《农用地土壤污染风险管控标准》（GB 15618—2018）风险筛选值范围内；空气环境质量、主要河流水环境质量、土壤环境质量指标达到《绿色食品 产地环境质量》（NY/T 391—2021）相关要求。

站在乡村振兴伟大战略实施的节点上，来凤县将继续深化原料基地建设，以服务企业、做大做强为目标，以深耕市场、激发活力为措施，力争来凤藤茶产业在全县的乡村产业振兴浪潮中勇立潮头。

撰稿：来凤县藤茶产业发展中心　张刚
供图：来凤县酉凤来硒生态农业科技有限公司　向少华

绿色食品原料标准化生产基地建设典范

持之以恒巩固全国绿色食品原料（茶叶）标准化生产基地创建成果

利川市人民政府

湖北省恩施土家族苗族自治州利川市牢固树立绿色发展理念，以基地创建为抓手，不断推进农业高质量发展。2010年开始创建了全国绿色食品原料（茶叶）标准化生产基地10万亩，通过基地创建，不断增强农业竞争新优势，构建农业高质量发展新格局。

一、突出组织引领，完善创建机制

利川市全国绿色食品原料（茶叶）标准化生产基地涉及7个乡镇基地单元、141个行政村、1270个村民小组、24927户农户，创建工作量大面广。为抓好基地建设，利川市成立了以分管副市长任组长，农业农村、财政、发展改革委、市场监督管理、生态环境、乡村振兴各主管部门以及乡镇人民政府负责人为成员的基地建设工作领导小组，负责部署、督办基地建设工作落实。领导小组办公室设在市农业农村局，具体负责基地创建日常工作。各基地单元所在乡镇也比照成立了基地建设办公室，负责本乡镇基地建设工作。同时，市、乡（镇）、村层层签订目标管理承诺书，定面积、定指标，挂牌管理，责任到人，定期检查考核，实行重奖重罚，为创建工作奠定了坚实的基础。

二、强化资金投入，绘制基地"真绿色"

为抓好利川市全国绿色食品原料标准化生产基地创建工作，市财政每年统筹资金

3000万元支持茶叶产业发展，各乡镇分别投入资金900万余元用于基地建设，以保障创建、监管工作的顺利实施。创建基地以来，各龙头企业、专业合作组织在基地建设方面投入资金超过3000万元，基地农民自筹资金超过500万元，多方发力，用心打造"真绿色"茶叶基地。

三、强化技术服务，提升基地管理水平

利川市按照全国绿色食品原料标准化基地建设的要求，制定了《新建茶园建设标准》《茶叶初制加工厂建设标准》《低产茶园改造操作技术规程》等，规范用种、用药、用肥行为，建立了生产管理、农业投入、技术服务、质量监督管理、基础设施、产业化经营六大管理体系和相关制度。对基地建设实行"六统一"模式管理，即统一优良品种、统一生产操作规程、统一投入品供应、统一配方施肥、统一病虫害防治、统一收获时间。全年发放测土配方施肥建议卡8.5万份，基地良种普及率达到98%，测土配方施肥率达到90%，示范基地统防统治率达到80%。

四、引导企业参与，延伸产业链，提升基地内生动力

利川市坚持政府引导和产业化经营相结合，制定了农业产业化经营以奖代补政策，大力培育龙头企业和专业合作组织，积极推行"公司+基地+农户"产业化经营模式，引导茶企建立"企业+专业合作社+茶农"的紧密利益链接机制。目前，利川市有从事茶叶加工的专业合作组织70余家、加工企业70余家，其中，省级龙头企业4家，州级龙头企业9家，县级龙头企业12家；绿色食品加工企业27家，有机茶叶加工企业8家；获得认证的绿色食品产品172个，有机产品53个，地理标志农产品2个；企业使用绿色食品原料占基地原料总量的65%，基地农产品价格较市场价格高10%，年增加收入1.2亿元。

利川市充分发挥生态自然禀赋，构建绿色循环发展机制，推进利川茶叶原料生产标准化、产业规模化、产品品牌化，让一片茶叶既绿了山头，又富了群众，实现经济效益、生态效益、社会效益有机统一，探索出了一条生态美、产业兴、百姓富的可持续发展之路。

撰稿：利川市农业农村局　姚美
供图：湖北嘉润茶业有限公司　符凤

绿色食品原料标准化生产基地建设典范

培优壮强绿色柑橘产业
纵深推进绿色食品原料标准化生产基地建设

秭归县人民政府

湖北省宜昌市秭归县依托得天独厚的山水资源、闻名中外的人文资源和久负盛名的产业资源，突出抓好绿色食品原料标准化生产基地，实现秭归脐橙产业绿色高质高效发展，保护"绿水青山"，造就"金山银山"。

一、多措并举抓统筹谋划，夯实管理体系基础

一是强化组织管理。成立由县政府分管领导任组长的秭归县创建全国绿色食品原料（柑桔）标准化生产基地建设领导小组，组建绿色食品管理办公室，各乡镇亦成立相应的机构，落实目标岗位责任，确保工作顺利开展。二是强化宣传造势。中央电视台"典籍里的中国""开讲啦"等栏目先后聚焦秭归脐橙，全县上下"共念绿色食品柑橘开发经，共走绿色食品柑橘开发路"的良好氛围日益浓厚。

二、开拓创新抓资源保护，传承地标品牌文化

一是优化品种布局。秭归县探明不同脐橙品种适宜发展区域，实现海拔高度与品种、熟期合理配置，形成"春有伦晚、夏有夏橙、秋有九月红、冬有纽荷尔"的产品格局，是全国唯一、世界罕见的全年有鲜橙供应的产区。长江两岸呈现"花果同树、父子同床、三青三黄"的独特奇观，实现了"绿水青山就是金山银山"的生态价值转

换。二是强化地理标志传承。秭归县在全域范围内选拔秭归柑橘种植系统传承人88名，保护秭归柑橘栽培传统文化，全面推进乡村振兴。通过"头雁"的带领，引导更多年轻力量投入脐橙种植农艺与文化传承。

三、锲而不舍抓科技创新，打造数字示范样板

秭归县以"绿色、健康、有机"为切入点，把更多科技元素植入基地建设。建设智慧水肥一体化系统橙园1万余亩，建成智慧物联网系统25套，改建数字化田间轨道运输系统1700余套36万余米，新增农用无人机383台套。推广果园种植绿肥10万余亩，增施有机肥30万余亩，常年病虫害绿色防控和统防统治面积突破10万亩。"柑橘+数字"推动生产智慧化、信息化、标准化。

四、坚定不移抓链条延伸，激活产业发展动能

一是推动精深加工。形成以屈姑食品、帝元食品、多美橙等企业为主的脐橙精深加工产业集群，其中，屈姑集团开发了脐橙酒、脐橙醋、脐橙茶等脐橙深加工系列产品100多个，实现从花到果、从皮到渣"吃干榨尽"，"零废弃"综合利用，填补国内柑橘综合利用深加工项目空白。二是强化联农带农。秭归涌现柑橘"亿元村"12个、"五千万元村"27个、"千万元村"18个，种植户年均家庭收入在10万元以上，26万人搭乘"橙色列车"增收致富。三是发展农旅融合。精心打造348国道"百里橙廊"、水田坝乡"中国橙谷"以及"橙意满满·四季鲜橙采摘游"等一批精品农旅融合采摘旅游线路，年接待游客量超5万人次。

撰稿：秭归县农业科技服务中心　胡端娥
供图：秭归县农业科技服务中心　周丹丽

湖南省

地域瑰宝 绿满山川
绿色食品原料（茶叶）标准化生产基地的田园诗篇
安化县人民政府

湖南省益阳市安化县全国绿色食品原料（茶叶）标准化生产基地10万亩，涉及13个乡镇、120个基地单元。近年来县委、县政府始终坚持以习近平新时代中国特色社会主义思想为指导，坚决落实"三高四新"战略定位和目标使命，通过扩大茶园基地与提质升级、推进茶园服务专业化、加强地方标准的宣传贯彻与执行、建立健全质量安全监管体系、加强社会秩序与公共品牌保护等措施，狠抓基地建设，努力推进安化黑茶产业高质量发展。

一、加强管理，规范标准化基地建设

制定安化县全国绿色食品原料（茶叶）标准化生产基地管理办法，将所有地块进行编号管理，设置集中连片区域、核心种植区域，绘制基地分布图、地块图，确保基地方圆5千米和上风向20千米内无污染源。实施有机肥替代化肥行动，持续推广茶园病虫害绿色防控技术，开展现代高效茶园标准化栽培体系示范推广、安化云台大叶茶树品种繁育与推广等试点工作。目前，茶园基地优良品种普及率达100%，有机肥覆盖率达100%，绿色防控面积达100%。

二、强化标准，推进茶叶标准化实施

参与制定或修订《紧压茶原料要求》等8项国家标准，制定《安化黑茶栽培技术规范》等17项地方标准，汇总整理茶叶生产、加工与质量安全有关标准规程174项，

通过集中培训、发放资料、技术指导、品质认证等方式宣贯和强调标准化生产；鼓励开展绿色食品、有机产品认证，鼓励企业收购绿色食品原料。安化县目前有 13 家茶叶企业获得绿色食品认证，43 家茶叶企业获得有机产品认证，认证产品多达 201 个。

三、严格监管，确保产品质量安全

建立了 14 个绿色食品原料标准化生产基地投入品专供点，实行基地有机肥、黄板、杀虫灯定点专供，从源头上保证投入品使用安全。健全县、乡镇、村、户四级"网格化"生产管理体系，将所有基地农户纳入国家农产品质量安全追溯平台，以"检验检测 + 质量追溯 +5G 技术"为核心，建立安化黑茶可视化追溯体系。强化茶叶生产、加工、销售环节质量安全监管及茶园投入品管控，加大风险排查、监督抽查、行政处罚力度。

四、培育品牌，打造优质产业集群

坚持政府推动和产业化经营相结合，鼓励通过内引外联、资源整合、股份合作等方式，推动茶产业高质量发展。提升改造黑茶产业园、江南工业园、梅城工业园等茶产业加工园区，发挥产业聚集和产业链耦合效能，构建安化黑茶现代化全产业链体系。"安化黑茶"品牌建设案例入选全国商标品牌建设区域建设类优秀案例；安化黑茶入选农业品牌精品培育计划名单；2024 年"安化黑茶"品牌价值达到 52.8 亿元。

撰稿：安化县农业农村局绿色食品办公室　胡娅婷
供图：湖南烟溪天茶茶业有限公司　赵益香

绿色食品原料标准化生产基地建设典范

协同推进　深化全国绿色食品原料（柑桔）标准化生产基地改革成效

洪江市人民政府

自 2009 年以来，湖南省怀化市洪江市共创建包括黔城镇、安江镇、沙湾乡、大崇乡、太平乡、岩垅乡 6 个乡镇、40 个行政村、10945 户的全国绿色食品原料（柑桔）标准化生产基地 11.21 万亩。目前基地柑橘平均亩产量达到 1.6 吨，总产量达到 17.936 万吨，年产值 5.38 亿元，带动农户 22100 户，农民总增收 4660 万元，全国绿色食品原料（柑桔）标准化生产基地经济效益、社会效益和生态效益非常明显。

一、构建长效运营机制，稳固质量管理体系

洪江市委、市政府高度重视绿色食品原料标准化生产基地建设，市农业农村局明确一名副局长集中精力狠抓各项工作的落实。市政府下发了《关于成立洪江市绿色食品原料（柑桔）标准化生产基地建设领导小组的通知》，同时下发了《关于洪江市全国绿色食品原料（柑桔）标准化生产基地单元建设责任人、具体工作人员的通知》，基地单元责任人和具体工作人员责任明确，有效开展工作。为提高基地建设水平，洪江市整合基地建设与农业标准化、农业产业化、农产品优势区域布局、农产品质量安全管理和生态环境建设等项目资源，每年投入经费 500 万元以上用于基地建设。

二、加强监督管理，建立健全技术培育体系

洪江市制定了较为完善的绿色食品原料标准化生产基地建设监督管理办法，对基地建设环境、生产过程、投入品使用、产品质量、市场营销及生产档案进行监督检查，同时，聘请基地中责任意识较强的种植大户担任生产监督员，对基地的生产过程进行监督管理，有效防范了违禁农药的使用。结合全国农业技术推广补助项目和阳光工程等培训项目的实施，将绿色食品生产管理技术纳入培训内容，采取聘请专家授课等形式，对基地生产管理人员、

技术推广人员、合作社社员、中介流通组织销售人员进行绿色食品知识培训。加强对培训记录的整理，建立培训考核制度，严格做到持证上岗。

三、狠抓标准化生产管理，确保绿色食品质量安全

洪江市按照集中连片、合理规划、规模发展的原则管理生产，基地良种普及率达到 85% 以上。实施柑橘测土配方施肥技术 9.8 万亩，进行生物有机肥示范推广 8.2 万亩，以生物防治和物理防治为主，推广病虫害综合防治技术 10.5 万亩。以乡镇为单位绘制了基地分布图和地块分布图，并对地块进行统一编号，建立了电子信息管理档案。分别在黔城、安江等乡镇基地设立大型标识牌 5 块、小型标识牌 30 块。以标准化建设为要求，建立了"统一优良品种、统一生产操作技术规程、统一投入品供应和使用、统一田间管理、统一收获"绿色食品"五统一"生产管理制度，有效组织农户生产。

四、提高产业化经营程度，促进产业健康发展

在产业化经营上，洪江市积极培育柑橘生产龙头企业，目前共有湖南黔阳雪峰农业发展有限公司、洪江市原匠电子商务有限公司 2 家省级龙头企业，以及 7 家市级龙头企业，其中，6 家企业获取得了冰糖橙、黄金贡柚、春见柑橘等产品的绿色食品认证。为做大做强柑橘产业，洪江市以基地建设的区域化布局、产业化经营、标准化生产和市场化发展为目标，统一优良品种供应，划定基地建设规划保护区，大力实行订单农业，积极引导扶持绿色食品生产加工企业，加强产销衔接，推动洪江市柑橘产业长远发展，助力乡村振兴。

撰稿：洪江市农业农村局　杨再生
供图：洪江市摄影协会　杨锡建

擦亮"金字招牌" 推进绿色食品原料（双低油菜）标准化生产基地高质量发展

华容县人民政府

2007年，湖南省岳阳市华容县被列入第三批创建全国绿色食品原料（双低油菜）标准化生产基地。18年来，华容县根据农业农村部、湖南省、岳阳市相关要求，重点规划，依托道道全粮油股份有限公司扎实开展基地建设。

一、强化宣传培训，助力绿色发展

一是多渠道宣传。华容县充分利用广播、电视、报纸、标语等各种形式，多渠道地宣传绿色食品和农产品质量安全监管方面的政策、法规、标准、技术，增强农产品生产者、加工者、经营者和消费者的质量安全意识；同时，邀请农业专家，开展法律讲座、技术培训，增强基地群众的环境保护意识，教育农民合理使用农业生产投入品，减轻环境污染。二是创新性指导。除聘请全县各乡镇农业技术员为技术指导员外，结合农业科技入户工程，还向社会公开招聘50名技术指导员。每名技术指导员负责20户科技示范户的技术指导与服务工作，通过科技示范户带动全县油菜标准化生产。三是多元化培训。采取办培训班、画黑板报、印发农业明白纸和资料、以会代训等各种形式，对双低油菜标准化生产所用种子、化肥、农药的选择和使用，以及油菜育苗移栽、大田管理、病虫害防治等开展技术培训。累计举办县级培训班4期，培训乡、村技术骨干1200余人，印发农业明白纸10万余份。

二、加强生产指导，保障生产提质增效

基地实行"统一优良品种、统一投入品供应、统一生产操作规程、统一生产管理、

统一产品收购"的"五统一"生产管理模式。一是在品种推广方面，积极与湖南农业大学合作，推广高产优质的'沣油730''沣油958''沣油792''华杂油12''秦优10号'等双低油菜优质品种，每个基地单元统一使用其中1～2个品种。二是在栽培技术方面，推广增施有机肥和硼肥、稻田免耕直播、增加移栽密度、配方施肥等绿色高产栽培技术。三是在农业投入品方面，制定了管理制度，印发了《关于对绿色食品原料标准化生产基地实施投入品准入制的通知》，对油菜标准化生产所使用的农药、肥料进行了严格规定，设立农业投入品专供点28个，做到连锁配送服务。加强对农资经营户的管理，指导农户购买农资，禁止销售违禁化肥、农药。四是在基地监管方面，制定了《华容县绿色食品原料（双低油菜）标准化生产基地监督管理制度》，同时各生产单元建立了村场一对一相互监督机制，用制度管人。加强基地技术人员的素质教育，明确基地技术人员为基地监督管理工作的第一责任人，签订责任状，加强对龙头企业、基地环境、农业投入品使用情况和生产记录档案情况的监督检查。

三、推动政企联动，聚力合作发展

国家级龙头企业道道全粮油股份有限责任公司联动参与华容县45万亩绿色食品原料（双低油菜）标准化生产基地建设工作。企业一头连基地农户，一头连市场，有效地解决了生产与流通、分散农户与大市场的连接问题。同时，企业与乡镇签订生产、收购优质油菜籽合同，农户按照绿色食品生产标准进行生产，促进了华容县油菜标准化生产基地的建设。

撰稿：华容县农业农村事务中心　左倩云
供图：华容县农业农村事务中心　左倩云

绿色食品原料标准化生产基地建设典范

锚定稻米优势产业
建设全国绿色食品原料（水稻）标准化生产基地

澧县人民政府

湖南省常德市澧县坚决扛稳产粮大县粮食安全责任，常年稳定粮食播种面积110万亩以上，建设10万亩全国绿色食品原料（水稻）标准化生产基地，推进全县稻米产业绿色可持续发展，强力推进第一批国家农业可持续发展试验示范区及国家农业绿色发展先行先试县项目的建设。

一、完善创建机制，夯实发展基础

澧县成立了由县长任组长、主管农业副县长任副组长、县农业农村局相关部门深度参与的澧县绿色食品原料标准化生产基地建设领导小组，统一指导协调基地建设。制定《基地建设目标责任制考核办法》，县、镇、村逐级签订目标管理责任书，任务层层分解、责任落实到人。制定《澧县绿色食品原料（水稻）标准化生产基地生产技术规程》《澧县绿色食品生产者使用手册》《创建全国水稻绿色食品标准化生产基地农户生产档案》，发放技术资料4.2万份，基地农户每户一张技术明白纸、一本手册、一本档案。建设高标准农田，配套完善基地路渠涵闸等基础设施。重点推广'湘早籼45''兆优5431''兆优5455'等优质高产品种，推广良种良法栽培技术。成立县、镇、村三级技术指导小组，聘请湖南农业大学、湖南省农业科学院、湖南省农业农村厅有关专家常年开展技术攻关与指导，举办绿色食品水稻生产技术培训班52期。组织水稻高产优质攻关，建设城头山镇詹家岗村、牌楼村两个绿色食品水稻核心示范区，开展品种筛选、农药施用效果评价、栽培攻关等技术试验。

二、坚持绿色生产，优化生态环境

落实"五统一"生产管理制度，统一优良品种、统一生产操作规程、统一投入品供应和使用、统一田间管理、统一收获。完善"一村一品"区域化布局，发放肥

料配方卡 3.8 万份，成立植保防治服务队，建设农业投入品专供点，开展基地农资市场联合执法行动 25 次，严格执行绿色食品原料标准化生产基地生产资料市场准入制。制定基地环境保护区管理办法，禁止在水稻生产基地及其附近建设污染生态环境项目，禁止排放、倾倒有毒有害物质，严禁在基地农田保护区和农田灌溉水源附近堆放固体废弃物，定点回收基地内投入

品包装物、废旧农膜，严禁焚烧秸秆，确保基地周边 10 千米范围内无污染源。

三、扶持产业龙头，建强产业链条

鼓励发展稻米产业"公司+基地+农户"经营模式，扶持洞庭春米业、锦绣千村两家农业产业化龙头企业推进全产业链发展。洞庭春米业实现粮食与油菜籽收购、加工、销售一体化经营，注册资本 6620 万元，员工 100 人，仓容 15 万吨，年加工原粮能力 30 万吨，2023 年营收 86135 万元，创利 3774 万元。锦绣千村同步发展订单农业、生产服务、粮食收储、粮油加工销售系列业务，先后获评"国家级农民合作社示范社""全国百强农民专业合作社""全国农民专业合作社发展典型十大案例""全国新型职业农民培育示范基地"。"城头山大米""城头山紫米""金洞庭春""牌楼春""锦绣千村""澧好"等一系列澧县大米品牌的市场知名度稳步提升。

撰稿：澧县农业农村局　龚艳
供图：澧县农业农村局　卢赐军

增产增收 提质扩面
促进现代农业持续发展

平江县人民政府

湖南省岳阳市平江县2007年获批全国绿色食品原料（水稻）标准化生产基地，涉及安定、加义、长寿、三市、龙门、木金6个乡镇，总面积18.4万亩，并于2023年第三次续报成功。平江县委、县政府高度重视全国绿色食品原料标准化生产基地建设工作，牢固树立"绿色发展、质量兴农、品牌强农"理念，按照中国绿色食品发展中心的相关要求，精心安排，认真组织，实现了标准化生产、规模化种植、产业化经营、品牌化发展，取得了显著的经济效益、社会效益和生态效益。

一、增产增收

平江县18.4万亩全国绿色食品原料（水稻）标准化生产基地，按照"公司+技术部门+基地+农户"的产业化经营模式，实施订单生产。基地共与14家企业对接生产（其中市级及以上龙头企业5家、绿色食品企业13家），面积达11.59万亩。实行"统一种子，统一栽培，统一施肥、施药、除虫，统一收割，统一收购"的规范管理模式，在生产过程中，大力推广良种良法配套、软盘育抛秧、病虫害绿色防控、测土配方施肥等技术，有效提高了水稻单产和品质，惠及84042户农户，农民增收每年在2300万元以上，进一步提高了农民的种粮积极性，有力推进了平江县现代农业的发展。同时，通过基地示范带动全县，保障了粮食的单产提升。

二、提质扩面

推广优质稻是基地建设的重点，随着优质稻区域化、规范化连片种植，提高了产品质量和市场竞争力，给基地农户、生产企业带来了可观的经济效益，同时也吸引更多的经营者从事绿色食品加工、销售，拓宽了流通渠道，带动了绿色食品市场的发育和发展，为平江县优质稻品质的逐步提高和种植面积的逐年扩大提供了有力支持。

三、推进现代农业发展步伐

在基地建设的过程中，快速转变了农业生产方式，按照高产、优质、高效、生态、安全的要求，基地建设从投入品、生产技术操作到产品加工全程实现标准化，同步提高了水稻绿色化生产水平，引领了平江县现代农业发展进程。目前平江县有绿色有机地标农产品生产企业50余家、产品111个，绿色食品企业个数、产品数量均位居湖南省前列，推进了平江县现代农业持续向好绿色发展。

为巩固平江县全国绿色食品原料（水稻）标准化生产基地创建成果，创建乡镇和成员单位统一思想，持续发力，通过强化组织领导、统筹项目整合、狠抓生产管理、严格投入品管控、强化监督检查、加强技术服务和促进产业化经营等有力措施，就近对接利用优质原料，延长产业链条，提升价值链，使绿色食品原料生产成为促进农业增产、农民增收的重要途径，为平江县的绿色高质量发展提供持久动力，为乡村振兴助力。

撰稿：平江县农业农村局　洪蕾
供图：平江县农业农村局　龚青松

合理布局　多元共管　推进绿色食品原料（油茶）标准化生产基地高质量发展

祁阳市人民政府

湖南省永州市祁阳市是中国油茶之乡、国家油茶产业发展示范基地和中国油茶产业标准化名县，现有油茶林面积62.56万亩，年产油量1.5万吨以上。近年来，祁阳市坚持质量兴农、绿色发展，全力抓好10万亩绿色食品原料（油茶）标准化生产基地建设，为油茶产业高质量发展提供了有力支撑。

一、全链条发展，打造规模化油茶产业

提升产业链，扩大绿色食品油茶原料供应。一是稳定种植面积。把油茶作为"一市一特"主导产业，优化种植补贴，加快土地流转，引导种植户扩大种植规模，年均完成油茶新造2万亩、垦复低改3万亩，目前全市油茶种植面积达62.56万亩，其中良种油茶面积17万亩。二是建强生产基地。采取"企业＋基地＋农户"模式，发展订单生产，带动基地提质改造，全市建成千亩以上高产油茶示范基地45个，打造了全国单片面积最大的唐家山10万亩油茶基地。三是培育骨干企业。实施粮油产业链企业"培优倍增"计划，促进资金、技术、劳力等生产要素向油茶生产加工企业聚集，培育了新金浩、唐家山、顾君等一批油茶产业化龙头企业，全市油料加工能力达8万吨以上。

二、全方位发力，健全标准化生产体系

牢固树立绿色发展理念，推动油茶产品从增产导向转向提质导向。一是优化产地环境。充分利用生态环境部门力量，监控油茶生产基地的水、大气、土壤环

境，突出重点区域和生产季节，并委托第三方机构对特定生产区域环境取样检测，环境检测合格率100%。二是加强认证管理。坚持绿色有机农产品认证数量与质量并重，严把入口关，执行退出机制，做到好中选优。全市共有8个茶油产品通过绿色食品认证，此外，还有1个茶油产品通过有机产品认证，年认证产量达1000吨。三是坚持生产标准。印发绿色食品生产操作手册和农事记录本2万余份，要求种植户如实填写、存档管理。落实"统一规划布局、统一种苗供应、统一生产规程、统一技术服务、统一收摘加工"举措，引导种植户按照技术规程生产，确保达到质量指标要求。

三、全要素保障，营造多元化共管合力

把绿色发展作为农业强市建设的重要抓手，全面落实保障措施。一是强化高位推动。祁阳市委、市政府高度重视农产品质量安全和绿色食品基地建设工作，多次听取汇报，专题安排部署，将其纳入了林长制考核内容。农业农村、林业、市场监督管理、生态环境等部门协调联动，落实职责，形成了工作合力。二是强化投入带动。围绕油茶全链条实施以奖代补政策，对油茶新造、更新改造和品种改良每亩补助1000元，抚育改造每亩补助500元。同时，市本级财政安排专项经费，对开展绿色有机食品认证的企业给予补助，并整合节水灌溉、油茶基地改造提升等资金大力支持绿色食品原料基地建设。三是强化科技驱动。积极探索"院地合作"模式，与湖南省林业科学院、湖南省农林工业勘察设计研究总院、中南林业科技大学等院校长期合作，并成功创建中国农业科学院科技助力乡村振兴示范市。同时，建成中国油茶博览馆，承办首届湖南油茶节暨2023年油茶产业高峰论坛，为祁阳油茶产业创新发展提供了平台。

撰稿：祁阳市绿色食品管理办公　张永红
供图：祁阳市农业综合服务中心副主任　唐波

齐抓共管　巩固全国绿色食品原料（柑橘）标准化生产基地创建成果

石门县人民政府

湖南省常德市石门县政府遵循绿色发展理念，持续推动绿色食品原料标准化生产基地建设，推进农业高质量发展，经济效益、社会效益和生态效益明显。

一、强化产业发展保障

一是健全组织架构。成立县柑橘产业化建设办公室，健全考核评价体系，将柑橘产业发展作为乡村振兴的重要内容来抓。

二是强化资金保障。每年投入产业发展资金300万～500万元，支持绿色生产、重大病虫害绿色防控示范和现代示范园区建设。2020—2024年争取财政资金3000多万元实施产地冷藏保鲜设施建设。

三是加大政策扶持。制定发布《关于进一步优化我县柑橘品种布局，加强种苗管理的意见》《石门县促进柑橘产业高质量发展十条措施》，组织开展柑橘重大病虫害绿色防控，推动产业可持续健康发展。招引柑橘企业来石门县投资，打造柑橘产业集群。

二、强化生产过程管控

一是全面推行绿色生态种植。持续实施"绿色生产，质量强农"战略。开展配方施肥，增施有机肥，提高果实品质；严控黄龙病输入，突出抓好柑橘重大病虫害绿色防控，全面推广柑橘大实蝇"一诱一捡"绿色防控技术；大力推广人工种植紫云英、三叶草等，改善橘园生态环境；科学合理使用农药，大力推广植物源农药和矿物源农药等，减少除草剂使用。

二是抓好全程质量管控。推广实施绿色食品生产标准，强化农业投入品源头管控，获得了全国首批"绿色防控示范县"荣誉；持续推动质量认证，全县柑橘绿色食品获证企业10家，认证面积7.94万亩；实行质量安全追溯"4挂钩"制度，没有发生质量重大安全事故；严格执行果品开采期制度，规范入市销售；积极推广果品智能分选，新增冷藏保鲜库容20万米^3，保障果品质量，调优上市供应期，商品化处理率达75%以上。

三是加大技术推广应用。聘请刘继红、李大志等专家组建成立柑橘产业顾问组和科技专家服务团队，加强技术合作；培育健全技术推广网络，打造"田秀才"队伍；每年组织开展技术培训500场次以上，年发布《石门柑橘》《湘农快拍》等技术资料和短视频30多期，做到技术全覆盖。

三、强化品牌营销管理

一是加强品牌管理。加强部门和行业自律。强化"石门柑橘"地理标志证明商标管护，规范公用品牌、绿色食品产品包装形象和标识。

二是创新品牌营销。连续23年举办柑橘节，积极参加品质评选、农产品地理标志登记、区域公共品牌评选、品牌价值评估等以助品牌创建，参与全国农业博览会、中国品牌日等品牌推介活动，先后与百果园、家家悦、东方甄选等企业开展了市场对接与合作。积极开展外贸业务培训，组织"湖南好物走世界·石门柑橘节"专场活动，抓好"国家外贸转型升级基地（柑橘）"建设。

三是品牌效益凸显。2023年，实现柑橘鲜果销售收入11.43亿元，商超销售2万吨以上，电商销售6万吨，连续56年实现柑橘出口，综合销售收入17.81亿元，橘农人均柑橘综合收入突破5000元。先后被评为湖南省"一县一特"农产品优秀品牌、入选全国"土特产"推荐名录，品牌知名度和美誉度不断提升，品牌价值达到28.62亿元。

撰稿：石门县农业农村局　郑家望
供图：石门县农业农村局　郑家望

四强化 推进全国绿色食品原料（湘南脐橙）标准化生产基地高质量发展

宜章县人民政府

湖南省郴州市宜章县是农业农村部优势农产品区域布局规划的赣南—湘南—桂北脐橙产业带的主产区，宜章县全国绿色食品原料（湘南脐橙）标准化生产基地，涉及13个乡镇，总面积10万亩，县政府注重"四个强化"，倾力巩固这一国家级绿色发展招牌。

一、强领导，抓管理体系建设

基地领导小组组织财政、生态环境、发展改革、市场监管、农业农村等成员单位和13个相关乡镇根据各自分工，积极推进基地建设，长村乡被列为全国首批100个农业生产"三品一标"乡镇。组建县、乡、村三级技术小组，壮大技术服务力量，有高级农艺师18人。依托县、乡、村三级农产品质量安全监管队伍，加强对基地的监督检查。组织管理体系、技术服务体系、监督管理体系建设，预算安排专项资金，为基地建设提供了支撑。

二、强规划，抓操作程序建设

严格按照《湖南省宜章县柑橘产业建设规划》和《关于进一步做强脐橙产业的实施意见》发展脐橙产业，抓好玉溪、梅田、长村、笆篱、迎春、黄沙、浆水等乡镇示范基地建设。湘南脐橙综合试验站与湖南省柑橘协会发布《湘南脐橙鲜果质量要求》团体标准，统一制定生产技术操作规程、编写农户操作手册。坚持以有机肥和种植绿肥为主，大力推广农业防治、生物防治、物理防治等绿色综合防治技术，频振式杀虫灯应用面积6.5万亩、黄板应用面积6.9万亩。制作绿色食品技术宣传公示栏40余块。

三、强监管，抓全程监控建设

依托华中农业大学、湖南省农业科学院、湖南农业大学、华南农业大学的果树专家和湘南脐橙综合试验站平台开展培训，绿色食品脐橙技术规程进企入户活动深入宜章，每年培训3000余人次，印发资料1.2万多份，实施"统一优良品种，统一生产操作规程，统一投入品供应和使用，统一田间管理，统一收获"的"五统一"生产管理制度。由县内较大规模的生资供应商实行农资连锁配送，由农业农村部柑橘无病毒苗木宜章繁育基地和宜章县脐橙无病毒苗木繁育基地提供优良品种，良种普及率达100%。农业农村、生态环境、市场监督管理等部门组成的监管队伍实行全过程监管，每年检查门店和企业160余个，重点监测禁限用农药以及未经检疫调运的柑橘苗木。不定时进行单元交叉检查，对违规生产者依法进行处罚。加大脐橙产品检测力度，提高产品优质率。

四、强带动，抓发展后劲建设

发展省、市、县级龙头企业6家为绿色食品企业，认证绿色食品产品7个，正在申报绿色食品企业4家、产品4个。培育宜章双优、电商平台、抖音等开展线上线下销售，引进农夫山泉等企业签订收购合同，组织参加全国、全省农产品博览会和绿色食品博览会，举办宜章脐橙节，推进脐橙文旅融合发展，建设郴州展翔宜章脐橙产业园，促进基地高质量发展，带动宜章县发展脐橙29.7万亩，年总产量26万吨，年总产值23亿元，实现了社会效益、经济效益和生态效益的多赢发展。

撰稿：宜章县农业农村局绿色食品办公室主任　李孟旭
供图：宜章县农业农村局绿色食品办公室主任　李孟旭

创建绿色食品基地　做强做优莓茶产业

张家界市永定区人民政府

湖南省张家界市永定区以创建全国绿色食品原料（显齿蛇葡萄）标准化生产基地创建为抓手，依托显齿蛇葡萄（又称莓茶）产业主导优势，坚持生态优先、标准引领、品牌经营，全力打造张家界莓茶区域公用品牌，努力把张家界莓茶打造成"百亿产业、百年品牌"。目前，永定区莓茶种植面积15万亩，成为全国莓茶最大主产区，已认证有机产品4个、绿色食品27个，是湖南省特色产业绿色食品认证最多的产品，先后获得农产品地理标志登记以及国家地理标志证明商标，2023年莓茶综合产值达25亿元。

一、紧扣创建要求，强化管理机制

永定区绿色食品原料（显齿蛇葡萄）标准化生产基地建设涵盖罗塔坪、教字垭、桥头等17个生产单元，面积10.6万亩，自然村数83个，农户10112户，是一项面广线长的工程。永定区成立以区政府主要领导任组长、分管领导任副组长、多个相关单位为成员的领导小组，统筹协调基地建设工作，设立专门办公室负责基地技术服务体系和质量保障体系的落实。建立健全区、乡、村、龙头企业以及新型经营主体等相关责任制度，形成目标具体、责任压实、服务到户、监管到位、考核明晰、运转高效的组织管理体系。各生产单元配备责任人、技术服务人员、质量监督人员和综合管理人员，各自然村落实具体负责人员，分区包片负责。

二、紧贴绿色生态，提升莓茶品质

绿色是永定区的最大优势。永定区逐"绿"前行、点"绿"成金，依托良好的生态禀赋，抓好莓茶基地环境保护、绿色食品生产技术宣传、测土配方施肥示范技术推广、莓茶病虫害绿色防控技术示范、采摘生产管理、贮藏运输管理、基地原料及产品包装管理、农业投入品管理体系等，不断提升莓茶品质，成功研制莓茶专用有机肥并转化应用到莓茶核心产区。发放《绿色食品生产种植技术规程》，建立了区、乡、村、户逐级落实网格化生产管理体系。制定生产档案管理制度和质量可追溯制度，农户如实填写田间生产管理与投入品使用记录、收获记录、仓储记录、交售记录。建立绿色食品投入品专用仓库，投入品领取人、使用人、使用时间、地块、用量、审核人等信息均登记在册，确保符合绿色食品生产相关要求。

三、紧抓服务体系，提高创建效能

依托全区农技推广服务体系，建设了绿色食品生产技术推广队伍，基地生产单元全覆盖。严格按绿色食品生产要求生产，设立区、乡镇绿色农资专柜；加强创建试验示范田建设，开展病虫害的种类鉴定、药剂筛选与防治试验，莓茶专用有机肥配方研制、试验，以及相关大田示范；创建了省级莓茶种质资源圃，对种质资源进行保护与选育，为产业发展提供科学技术支撑。制定全国绿色食品原料（显齿蛇葡萄）标准化生产基地监督管理制度及质量检验检测制度，加强农产品质量追溯管理，每年对全区141家经营主体和种植散户的产品进行抽样检测。加强产业化经营体系带动，组织张家界湘巧茶叶开发有限公司、湖南乾坤生物科技有限公司、张家界神州界农业开发有限公司等企业与农户签订产品购销合同，基地区域内年产绿色食品鲜叶2574吨，相当于干茶429.05吨。

撰稿：张家界莓茶发展服务中心　邓武成
供图：张家界市永定区绿色食品办公室　陈燕

广东省

全国绿色食品原料（大埔蜜柚）标准化生产基地建设成效

大埔县人民政府

广东省梅州市大埔县绿色食品原料（大埔蜜柚）标准化生产基地涉及湖寮、茶阳、枫朗、大东、三河、高陂、大麻、百侯、西河、青溪10个镇，基地面积10.22万亩，农业生产条件得天独厚，自然资源丰富，生态环境良好，土壤肥沃，基地建设有力推动了县域经济的发展，实现了多元化的社会效应。

一、基地建设组织化

县政府成立了大埔县全国绿色食品原料（大埔蜜柚）标准化生产基地领导小组，由分管副县长任组长，县农业农村局局长任副组长，县财政、农业农村、市场监督管理、生态环境4个县直单位相关负责人为成员，全面负责基地建设的领导工作。基地领导小组下设办公室，负责基地协调管理工作。同时，还成立了技术指导小组和技术攻关小组，负责基地生产的技术指导、技术培训及日常工作。涉及的10个镇也成立相应机构，专人负责实施落实。各基地单元涉及的企业明确基地建设责任人和具体工作人员。县、镇、企业三级层层签订了目标责任书。为基地建设提供全方位服务，全县形成了齐抓共建、协调推进的工作格局。

二、基地建设安全化

严把农产品投入关，从源头上杜绝了违禁品投入流入，保证了基地建设高标准、高质量。制定了大埔县农产品质量安全监管手册、大埔蜜柚地理标志农产品标准化生产技术规程。在农业生产关键环节,通过公告、告知等各种有效方式,向农民和农资商店,特别是10个基地单元农业投入品专供点定期公布基地允许使用、禁限用的农业投入品名录,指导农户科学合理地选择和使用农药、化肥。从源头上确保农业投入品的安全使用。积极推进建立健全生产记录档案,全部生产者均在广东省农产品质量安全智慧监管平台注册并开具农产品质量安全承诺达标合格证,完善农安信用记录等可追溯管理。

三、蜜柚现代产业化

大埔县蜜柚产业园(扩容提质)建设,带动全县蜜柚产业高质量发展。一是蜜柚生产加工基地现代化。产业园通过建设标准化种植示范基地、现代化加工厂房,以及配备水肥一体化设施、配套冷库等,扩大企业标准化、规模化、现代化生产能力。二是蜜柚产品加工水平现代化。产业园形成了柚子初加工、精深加工、综合利用加工的加工体系。三是特色产品销售模式现代化。大埔县电商协会带领本地网红主播开展直播带货与线上活动。依托"5G+"农业大数据平台,现有24家企业创建了电商销售或直播带货平台,年销售额逐年上升。目前,全县蜜柚产业共有县级以上龙头企业41家,县级示范社28家,认证绿色食品19个,大埔蜜柚被评定为广东省名特优新农产品、全国名特优新农产品、农产品地理标志保护产品。

撰稿:大埔县农业农村局　丘灿忠
供图:大埔县农业农村局　李鸿辉

齐抓共管　巩固全国绿色食品原料（水稻）标准化生产基地创建成果

罗定市人民政府

广东省云浮市罗定市是全国首批农产品质量安全县创建城市，曾4次荣获"全国粮食生产先进县"的称号，作为全国绿色食品原料（水稻）标准化生产基地，为了能够实现齐抓共管，全面巩固全国绿色食品原料（水稻）标准化生产基地创建成果，罗定市委、市政府采取了一系列措施，从政策扶持、创新科技、建设品牌等各个方面着手，全面提高罗定市稻米产业发展水平。

一、积极探索以园兴农之路，打造"一镇、一中心、一带、两基地"

巩固全国绿色食品原料（水稻）标准化生产基地创建成果，罗定市积极探索以园兴农之路，打造"一镇、一中心、一带、两基地"，该布局涵盖了丝苗米专业镇、农产品交易博览中心、乡村田园景观带、有机水稻标准化种植示范基地与绿色水稻标准化示范基地，综合布局有利于提高区域农业综合竞争力。同时，把现代化农业发展理念与广东省丝苗米产业园建设相融合，提升水稻规模化与标准化的生产能力，带动周边农户从事稻米产业，提高农民经济收入。另外，罗定市丝苗米产业园已通过省级验收，总投资2.05亿元，园内已聚集合作社137家，规模家庭农场10家，种植大户320个，带动4.7万多户农户共同发展。

二、加强保障措施，促使生产基地顺利运行

为巩固全国绿色食品原料（水稻）标准化生产基地创建成果，罗定市政府成立了以分管农业的市长为组长、农业农村局主要领导为副组长、各有关部门主要负责人为成员的罗定市绿色食品原料标准化生产基地建设工作领导小组，统一组织基地建设，解决基地建设过程中出现的问题。相关镇（街道）由主要负责同志与相关站所、基地村负责同志构成生产基地建设领导机构，统一指导与协调所属乡镇的基地创建工作。

三、构建农业技术服务体系，加强技术指导

齐抓共管，巩固全国绿色食品原料（水稻）标准化生产基地创建成果，合理构建农业技术服务体系，全程进行技术指导。构建由农业农村局、镇（街道）、基地村农业技术工作者构成的三级农业技术推广服务体系，同时任命10名高级农艺师作为基地的技术指导负责人，负责生产指导、技术培训、减肥增效、绿色防控、新品种推广等工作，为巩固全国绿色食品原料（水稻）标准化生产基地创建成果奠定了扎实的基础。

四、构建品牌，推动稻米产业发展

罗定市将构建农业品牌当成促进农业发展的主要手段，严格要求园区执行主体和农户根据生产技术标准实施水稻种植。罗定市稻米不仅取得了绿色食品、有机产品、国家地理标志保护产品、全国名特优新农产品和中国气候生态优品等认证，而且绿色食品原料（水稻）标准化生产基地已联结龙头企业3家，建立粮食经济合作组织1家，培育百亩以上大户39家，基地年增收459.2万元，带动农户8.2万户。

五、关注产业链的延伸和产业深度融合

为巩固全国绿色食品原料（水稻）标准化生产基地创建成果，罗定市关注产业链的延伸以及深度融合。一是形成了上下游产品配套产业链。上游主要是以副产品谷壳生产有机肥，构成了绿色农业经济循环链条。下游着重促进并扶持企业以稻米为核心原料，生产米粉、米酒等高品质产品，延伸加工产品链条。二是合理使用"公司+合作社+基地+农户"、订单农业等模式，促使产业园构建和乡村振兴相融合。积极开展产品研发，开发以稻米为原料的饮料、保健品等深加工产品，提升产品附加值。三是深挖稻作文化与休闲观光旅游潜能，促进产业深度融合，建设中国美丽休闲乡村等旅游景点。

撰稿：罗定市农业农村局　邓静文
供图：罗定市农业农村局　邓静文

 广西壮族自治区

多措并举 大力推进全国绿色食品原料（月柿）标准化生产基地高质量发展

恭城瑶族自治县人民政府

广西壮族自治区桂林市恭城瑶族自治县绿色食品原料（月柿）标准化生产基地全面实现标准化生产、产业化经营、市场化运作、品牌化发展。通过绿色食品原料标准化生产基地创建，农业生产整体水平稳步提高，示范引领作用明显增强。

一、强化组织领导，健全组织管理体系

一是加强领导，健全组织。县委、县政府成立绿色食品生产工作领导小组，领导小组下设办公室在农业农村局，由县委、县政府统一指导和协调，设立县、乡、村三级管理机构，签订了县、乡、村三级目标责任书。

二是加强谋划，稳步推进。把基地建设工作作为一项重要任务写入《政府工作报告》，与其他经济社会发展重要工作同部署、同推进。每年将该项工作任务列入全县年度绩效目标考核，确保恭城月柿产业稳步长效推进。

二、强化技术管理，健全标准化生产管理体系

一是加强标准化生产宣传指导。在各基地单元制作基地标识牌，设置绿色食品技术规程宣传栏。每年每个基地都派出技术人员指导基地开展绿色防控。在基地生产单元和常规生产区域之间设置有效缓冲带，紧邻的公路、省道等交通主干线两侧，栽植落叶乔木，保证基地优良的生态环境。

二是健全标准化生产体系。县财政安排专项资金，用于基地建设保障工作，同时整合有关涉农资金，高效推动基地标准化建设工作高效运转。建立县、乡、村、户生产管理体系，三级技术管理簿册齐全；实行测土配方平衡施肥，应用病虫草害绿色防控技术；制定《绿色食品（水果）标准化生产技术操作规程》并推进规程"进企入户"；开展绿色食品生产技术培训，2023年举办13期培训班，发放操作规程明白纸10万余份，入户率达100%。

三、强化监督检查，健全农产品质量安全管理体系

一是实行基地监督管理制度，把风险有效防范于源头。2023年，县农业农村局牵头组织相关部门，定期、不定期对基地单元生产中农业投入品使用及投入品市场开展监督检查和抽查，出动执法车辆135辆次，执法人员756人次，共抽取农资产品19批次，没有发现生产中使用禁用农药或农药施用剂量、方式、安全间隔期等不符合标准的现象。

二是建立农资配送中心，在资源配送中保障安全。在每个乡镇基地单元确定一个农资公司进行农资配送，对月柿基地用药进行严格筛选，乡镇农药店设置绿色食品月柿用药专柜，基地实行农业投入品。推行统一购买、统一保存、统一使用、统一回收农用毁弃物"四统一"管理模式。各乡镇基地专门设立了专业的技术指导和质量监管人员，对生产全过程实行档案管理制。

四、强化产销对接，健全产业化经营体系

一是强化利益联结机制。依托3个省级以上龙头企业（农民合作社），建立利益联结机制，引导对接企业直接参与对接基地的日常监督管理和农户生产技术指导工作，围绕"基地建设—精深加工—休闲旅游"一体化产业布局，以"提高品质—保障食品安全—增加农户收入"为核心目标，兼顾经济效益、社会效益和生态效益，多渠道增加农户收入，促使企业与农户形成了互相依赖的产业链和利益共同体。

二是强化品牌影响力。2023年恭城月柿种植面积达23.86万亩，产量超87.08万吨，产值达85亿元；"恭城月柿"品牌入选"农遗良品"十佳品牌，入围2023年度新锐品牌30强，入围2024年中国区域品牌百强榜，地理标志区域品牌价值59.85亿元。现恭城月柿已成为恭城的支柱产业，带动就业人数达3.5万人，辐射带动相关产业从业人员6万人。

撰稿：恭城瑶族自治县农业农村局　黄文飞
供图：恭城瑶族自治县农业农村局　孟付德

重庆市

绿色食品原料标准化生产基地建设典范

齐抓共管 巩固全国绿色食品原料（脐橙）标准化生产基地创建成果

奉节县人民政府

重庆市奉节县全国绿色食品原料（脐橙）标准化生产基地，涉及 7 个镇街，总面积 24.3 万亩。县政府每年统筹财政资金 4000 余万元，倾力打造这一国家级绿色发展金字招牌。

一、建立长效机制，夯实管理体系

基地领导小组全面统筹，奉节县农业农村委员会、财政局、生态环境局等相关部门和 7 个基地乡镇（街道）主要负责人分部门、分领域齐抓落实，"各炒一盘菜，共办一桌席"，持续推进基地建设管理工作。巩固县、乡、村、社生产管理体系，向基地农户发放生产管理手册和农事记录本，严格记录生产过程。组建了 154 人组成的县、镇（街道）、村（社区）、户四级绿色食品基地技术推广体系，包村入户到企，常态化对基地生产管理人员、技术推广员、龙头企业、基地农户人员进行知识培训，累计培训 3.2 万余人次，免费发放技术资料 3 万余份，为奉节县脐橙产区培养出了一批农民"科技带头人"。

二、坚持生态优先，打造洁净产地

严格落实基地环境保护制度，纵向加强基地建设管理，保持种植人员梯次培训，常态化开展投入品监督检查。横向拓展联防联控，加强基地水源保护，严控区域内生产建设活动，杜绝工业"三废"和生活垃圾等污染源，确保基地环境达标。在7个镇街设立66个绿色食品技术宣传栏，建立基地农业投入品专供点30余个，公示允许使用投入品，县农业综合行政执法支队负责监督管理。每年依托国家、市、县三级风险监测和监督抽查，抽检奉节脐橙200余批次。设立180个农药包装废弃物回收点，农药包装废弃物回收率达到80%以上。

三、发展绿色生产，助推产业提升

全面普及推广绿色生产，主推"园生草、枝挂板、杀虫灯、生物药、有机肥"等绿色生态种植技术。创新推广"畜—沼—果"生态循环模式，实现"以草养畜、以畜养橙、以橙增收"。推行统一肥水管理、统一病虫防控、统一机械作业、统一整形修剪、统一采摘洗选"五统一"技术指导模式，实现技术服务全覆盖。实现脐橙挂果期长达8个月，优质果率增长15%。

四、坚持产业化经营，实现延链增收

创建国家现代农业产业园奉节县脐橙电子交易集散中心（脐橙精深加工中心）。培育22家农产品加工企业，研发推出脐橙果干、果酒、蜂蜜等系列产品，打造特色品牌"醉白帝"，农产品加工转化率达到95%，使脐橙价值提升300%以上，年产值达5亿元。做实农商文旅融合文章，全力做好脐橙产业发展与文化旅游相结合，创新举办"中国·白帝城"国际蔬果节、中国·重庆奉节国际橙博会、中国（重庆）柑橘高质量发展大会、脐橙开园节等会展节庆活动，推动脐橙产业聚集。

撰稿：重庆市农产品质量安全中心　张海彬
供图：重庆市奉节县农产品市场服务中心　周友彬

强化"七大管理体系"建设
推进绿色食品原料标准化生产基地高质量建设

涪陵区全国绿色食品原料（青菜头）标准化生产基地办公室

重庆市涪陵区为全面贯彻落实"构筑绿色屏障、发展绿色产业、建设绿色家园"的要求，以推进"质量兴菜、绿色兴菜、品牌强菜"为抓手，立足青菜头（学名茎瘤芥）产业优势，突出产业特色，以"七大管理体系"建设为着力点，打造高质量绿色食品原料（青头菜）标准化生产基地。

一、强化组织管理体系建设

涪陵区政府成立了以分管副区长为组长，区级有关部门负责人为成员的涪陵区绿色食品原料（青菜头）标准化生产基地建设领导小组，统筹抓好基地建设工作。成立基地监督管理队伍和生产技术推广服务队伍，加强对全区各乡镇（街道）投入品的监管和技术指导。

二、强化环境质量体系建设

涪陵区生态环境局按照《绿色食品 产地环境质量》（NY/T 391）的要求，在全区青菜头种植基地的重要节点选择水监测点25个、土壤监测点10个、空气监测点10个进行布点监测；区农业农村委员会等部门出台措施、严格管理，大力推广普及应用绿色防控、测土配方施肥等绿色农业生产技术。

三、强化投入品监管体系建设

全区13个乡镇（街道）有投入品专供点15个，配置区、镇（街道）、村（社区）三级绿色食品生产基地投入品监管人员 522 人，加强对全区各基地乡镇（街道）及各基地单元村（社区）投入品的监管。2023 年开展了 150 次投入品销售及使用情况专项督查。

四、强化技术服务体系建设

由重庆市渝东南农业科学院牵头，统筹安排 50 余名专业技术人员、分为 10 个培训小组，指导督促、分类完成绿色食品原料标准化生产技术培训，年培训 2.5 万人次。同时，建立 7 个绿色种植试验田，示范推广新技术。通过培训示范，基地农户绿色食品原料标准化生产技术水平明显提高。

五、强化绿色食品监督管理体系建设

建立健全区、乡、村三级监测网络和监测管理制度，严格按照"十不准、三取缔、两打击"的榨菜质量整顿总要求，联合有关部门加强对榨菜半成品加工环节、榨菜企业成品生产环节的监管。2023 年检查全区榨菜生产企业、半成品加工大户 190 家（次），排查产品质量安全隐患 150 起。

六、强化绿色食品生产管理体系建设

按照"加工鲜销并重发展"的要求，统筹安排、统一规划，集中成片区域化布局，全面淘汰品质退化的品种，推广'涪优 928''渝早 100'等杂交良种。建立区、乡镇（街道）、企业、村（社区）生产管理体系，逐级明确生产管理职责，落实生产管理任务，严格实行"统一管理、统一供种、统一技术、统一施肥、统一用药、统一质量标准、统一价格、统一收购"生产管理制度。

七、强化产业化经营体系建设

坚持"谁扶持、谁发展、谁收购"的原则，采取"划片定点、保护价收购、订单生产"的措施，抓好基地建设与企业发展相互对接。建立市场引企业、企业带基地、基地连农户的"公司＋基地＋农户"集产加销于一体的产业化经营模式，形成"一个指导价，两份保证金，一条利益链"的利益联结机制，实行订单生产，合同种植收购率达 95% 以上。2023 年全区绿色食品生产主体数 6 个，认证绿色食品产品 18 个。

撰稿：重庆市农产品质量安全中心　董悦
供图：重庆市涪陵区农产品质量安全中心　郭玲

四川省

走品牌发展之路 倾力打造高质量绿色食品原料（杂柑）标准化生产基地

丹棱县人民政府

"家有盐泉之井，户有橘柚之园"，四川省眉山市丹棱县种植柑橘历史悠久。20世纪70年代以来，丹棱县大力调整产业结构，加快了橘橙产业发展，目前，丹棱县建成绿色食品原料（杂柑）标准化生产基地4.3万亩，"丹棱桔橙"获得农业农村部农产品地理标志保护登记，8次跻身中国区域品牌（地理标志产品）百强榜，品牌价值53.50亿元。

一、抓标准化生产管理，提升品质

按照集中连片、合理规划、规模发展的原则，基地主要种植杂柑（不知火、大雅柑、爱媛）优良品种。制定了生产标准《绿色食品 丹棱桔橙生产技术规程》和产品标准《绿色食品 丹棱桔橙》。研究总结出测土配方施肥、生态有机循环、留树保鲜等一整套全国领先的种植管理技术，并全域推广。实施"双替双升"行动，建立绿色防控系统，采用生物防治技术、理化诱控技术等措施进行果园病虫害防治，减少农药施用量，提高农产品品质，提升土壤有机质含量。建立健全县、乡、村、户四级生产管理体系，实施产品质量追溯制度，统一印制绿色食品杂柑农户管理记录册，发放《绿色食品原料标准化生产技术手册》8000余份。同时，举办绿色食品生产技术培训班、百县千乡万户培训班18次，组织农户建立"统一优良品种、统一生产操作技术规程、统一投入品供应和使用、统一田间管理、统一收获"的绿色食品"五统一"生产管理制度。

二、抓投入品监管，保质量安全

为确保绿色食品原料（杂柑）质量安全，丹棱县制定了绿色食品原料（杂柑）标准化生产基地建设监督管理办法、绿色食品原料标准化生产基地农业投入品管理办法、农业投入品公告制度，定期公布基地允许使用、禁限用农药名单，推行"三账一卡"。明确监管责任主体，对基地内200余家农资经营网点、农产品生产主体进行监督抽查，2022—2024年基地内绿色食品抽检合格率为100%。同时，通过聘请基地农户担任生产监督员、公布举报电话等措施，对生产过程进行监督，提高群众参与绿色食品质量安全管理的责任意识，并有效防范农产品质量安全风险。

三、抓产业融合发展，扩大品效

积极进行地域品牌包装，依托雄厚的产业基础，充分挖掘产业价值，鼓励发展农产品精深加工，联合企业开展优质果品与果酒技术研发创新，推出"果小酒"等果酒系列，年产值超过8000万元。建设中国晚熟柑橘商贸交易中心，打造"橘橙总部经济"。发展"农业＋旅游""农业＋文创"等一二三产业融合发展新业态，打造橘橙小镇、橘香稻田等农旅融合新场景，发布橘橙IP文创产品。"丹棱桔橙"品牌价值达53.50亿元，成功走进中高端市场，获评消费者最喜爱的农产品，成就了丹棱县在柑橘产业市场上"中国晚熟柑橘看四川，四川晚熟柑橘看丹棱"的地位。

撰稿：丹棱县农业农村局　黄晓波
供图：丹棱县农业农村局　牟婷婷

夯实全国绿色食品原料（蔬菜）标准化生产基地创建成果

眉山市东坡区人民政府

近年来，四川省眉山市东坡区将绿色食品作为做响"东坡泡菜"品牌的重要载体，大力推进绿色食品原料标准化生产基地建设，培育、推广、使用、监管全环节联动，取得显著成效。全区共创建绿色食品原料（蔬菜）标准化生产基地18.4万亩，发展绿色食品企业8家，培育绿色食品产品71个。

一、加强组织领导，完善建设机制

东坡区政府成立了以分管领导任组长，区政府办、区农业农村局、区财政局、区绿色食品管理办公室等部门和项目实施乡镇主要负责人为成员的绿色食品原料（蔬菜）标准化生产基地建设领导小组，制定实施方案，完善相关管理办法和制度，细化相关的工作职能和建设措施；加强单元基地管理和技术服务组织，明确村级负责人和技术负责人，组织农民严格按照《绿色食品原料生产技术规程》播种、施肥、防治病虫害、田间管理和收获；将建设任务纳入各基地所在乡镇和区级有关部门年度综合目标考核。

二、坚持生态优先，推进绿色生产

坚持生态为重，围绕优质绿色食品原料生产要求，扎实推进农业投入品减量增效行动。在绿色食品原料标准化生产基地建设了化肥农药减量示范点25个。全面推行绿色防控设施和病虫害综合防控技术，广泛推广"猪—沼—菜""秸秆还田"等循环农业模式。全区绿色食品原料基地化肥、农药使用量连续两年实现负增长，秸秆综合利用率达96%，农药包装废弃物回收率达到84%，持续加强对基地内水、土壤、大气的检测与管理，保证其不被工业"三废"污染。

三、强化农业标准，开展技术培训

优化调整农业产业种植业结构，将基地标准化建设和现代农业示范园区紧密结合；对农户田间档案和技术管理簿册实行规范管理；加强农资市场监管，对区域各农资销售网点实行不定期检查；加强蔬菜病虫害预警测报，推行绿色防控技术，减少农药用量，基地标准化程度大幅提升。通过科技周、科技下乡等活动到田间地头开展农业科技宣传和培训。全年举办农民标准化生产技术培训班50余期，印发宣传资料10万余份，直接或间接培训农民3.85万人次，有效提高了基地建设的科技含量。

四、扩大品牌影响，带动经济发展

坚持会节为媒，搭建强有力的绿色食品展示推介、交流合作、招商引资及市场营销平台，不断增强品牌影响。连续14年举办中国泡菜食品国际博览会，展示包括绿色食品在内的泡菜产品，并将其打造为东坡区特有的公共区域品牌"东坡泡菜"，不仅享誉全国，还跨出国门远销日本、韩国、新加坡、美国、英国等国家。同时，东坡区大力开展"泡菜全国行""泡菜全球行""七进"活动，并连续14年组织生产泡菜的绿色食品企业参加中国绿色食品博览会。"东坡泡菜"品牌荣登2023年中国区域品牌百强榜第二十七位，品牌价值达110.94亿元，实现销售收入205亿元，市场份额占全国的1/3、四川省的1/2，持续引领"中国泡菜看四川、四川泡菜看东坡"的产业发展格局。

撰稿：眉山市东坡区农业农村局　刘琳
供图：眉山市东坡区农业农村局　李南贞

坚持创新发展理念
巩固建设全国绿色食品原料（脐橙）标准化生产基地

邻水县人民政府

四川省广安市邻水县全国绿色食品原料（脐橙）标准化生产基地涉及 16 个镇，总面积 10 万余亩，全县围绕"七大管理体系"建设要求，牢固树立创新巩固绿色食品基地发展理念，有力推动了农业高质量发展，促进了乡村振兴，取得了良好的经济效益、社会效益和生态效益。

一、完善基地建设机制，夯实标准管理体系

在邻水县全国绿色食品原料（脐橙）标准化生产基地工作领导小组的全面统筹协调下，持续巩固推进了基地建设管理工作，按照"优良的生态环境是发展绿色食品的基础"理念，坚持改善基地基础设施与产地环境保护治理措施相结合，优化和保护了基地环境，建立健全了基地环境保护制度、基地生产技术指导和推广制度、基地农业投入品管理制度等 7 个系列基地管理制度，提高了管理的规范性与有效性。

二、落实"三大"智慧监测，织密基层监管体系

一是强化网格化监管。在全县统一标准、统一规格制作监管网格图，大力构建涵盖县政府、农业农村部门、行政村及生产经营单位的农产品质量安全网络，监管网格图在镇、村和生产基地"上墙"公布，形成了"层层负责、网格到底、责任到人、全面覆盖"的横向到边、纵向到底的监管网格体系。二是坚持移动巡检。在每个镇农产品质量安全服务站均配备了 1 辆巡检摩托车、1 台巡检平板电脑等设备开展移动巡检工作，每月开展 4 次智慧移动监管巡查，检查结果实时上传至追溯系统。三是实施智慧检测。结合建立的邻水县农产品质量安全检测系统，将县级定量检测、镇快速检测信息实时入网，智能识读检测结果，同步打印农产品质量安全承诺达标合格证，构建起了一套快速、智能的测报体系，提升了农产品质量安全监测效率和准确性，以智慧化、信息化手段推动监管效能提升，确保了脐橙产品每年在部级、省级、市级监测检查中合格率均达 100%，切实保障了农产品质量安全。

三、实施"三大"行动，推动产品质量逐年提升

一是着力基地提质增效。坚持"稳总量、调结构、增效益"思路，实施"四季优橙"战略，通过高接换种、改造提升建成"四季优橙"示范基地 5000 余亩，推广优质丰产生产技术，打造精品果园 10 个以上。二是着力科技攻关。与中国农业科学院柑桔研究所签订长期科技合作协议，成立专家工作站，建设科技攻关基地 200 亩，开展品种、品质、品相"三品"技术攻关，每年开展绿色食品生产技术专题培训 2 次以上，印发技术资料至田间地头。三是全面推广绿色生产。制定《绿色食品邻水脐橙生产技术规程》，编写《生产者使用手册》，全面普及推广"园生草、杀虫灯、挂黄板、生物药、有机肥"等绿色种植技术。6 家企业开展绿色食品认证，认证面积 3 万余亩，"邻水脐橙"获得国家地理标志产品保护。

四、打造"三大"体系，推动产业延链融合发展

一是打造社会化服务体系。建设脐橙社会化服务组织 5 家，推行统一肥水管理、统一病虫防控、统一整形修剪、统一洗选包装"四统一"全程社会化服务，常年政府购买绿色防控等社会化服务面积 3.1 万余亩。二是打造农产品加工体系。建成集糖选、色选、带叶选的柑橘洗选厂 1 个，脐橙果酒深加工厂 1 个；开发邻水脐橙冻干片加工产品 1 个、脐橙宴系列产品 20 余个；培育以'蜀枳 1 号'为主的药柑种植、加工、销售一体化企业 1 个；建成以果蔬为主的邻水农产品冷链物流交易中心 1 个，全县果蔬冷链物流静态库容达 2 万余吨。三是打造品牌培育体系。组织县属国有企业引领邻水脐橙营销，定期举办"巴蜀风韵·橙意邻水"旅游文化周活动，培育邻水邮政邮乐购、御临乐购电商平台各 1 个；"邻水脐橙"公共品牌价值达 22.39 亿元，入选 2022 年度受市场欢迎的果品区域公用品牌 100 强，入选 2023 年四川省省级区域公用品牌名录。2023 年全县绿色食品原料（脐橙）标准化生产基地产量达 15 万余吨，售价较其他产区的脐橙高 10.5% 左右，在推动全县特色农业发展、保障农产品质量安全、促进农业增效、农民增收等方面起到引领作用。

撰稿：邻水县农业农村局　陈明
供图：邻水县农业农村局　游平

多措并举　质效同升　促进绿色食品原料（茶叶）标准化生产基地高质量发展

旺苍县人民政府

四川省广元市旺苍县绿色食品原料（茶叶）标准化生产基地10万亩，覆盖15个乡镇、68个村、9250户农户。培育茶叶生产规模企业、专业合作社、家庭农场310个，其中，省级以上龙头企业5家，获得有机产品、绿色食品、地理标志农产品有效证书95张。近年来，旺苍县以巩固国家农产品质量安全县创建成果为依托，紧盯"七大管理体系"，坚持高标准规划、高站位推动、高质量提升绿色食品原料（茶叶）标准化生产基地，取得明显成效。

一、强化组织保障，健全组织管理体系

成立以县委、县政府主要领导任组长，分管领导任副组长，县级有关部门及有关乡镇主要负责人为成员的旺苍县绿色食品原料标准化生产基地建设领导小组。每年将目标任务逐一分解到乡镇，构建起上下联动、整体发力的工作格局。县财政每年安排专项资金200万元，2022—2024年累计整合涉农项目等资金5000余万元，用于提升基地创建成果。

二、强化发展根基，夯实基础设施体系

配套建设基地道路129.3千米、排灌沟渠284.4千米、提灌站19座、山坪塘304座、蓄水池1965口。采购耕整机、除草机、田园管理机等农业机械513台，基地综合机械化率达到67%。配套虫情自动测报灯4盏、太阳能杀虫灯794盏、可降解粘虫色板246.9万张，绿色防控面积达100%。建设田间有机肥堆沤池和沼液储存池109口，农村户用沼气池815口，沼液输送管网156.6千米，配套沼液运输车7辆，基地种养循环覆盖面达到60%。

三、强化技术标准，优化生产管理体系

精准普查并绘制了全县和15个基地乡镇茶叶标准化生产基地分布图，编印了《旺苍县绿色食品原料标准化生产基地田间生产管理记录册》，印发了《米仓山茶栽培技术规程》《米仓山茶加工技术规程》等技术资料8万余份，组织农户严格按标准生产。推广地膜覆盖1.5万亩、测土配方施肥10万亩、绿色防控10万亩。

四、强化监督检查，构建投入品监管体系

科学制定《旺苍县绿色食品原料标准化生产基地投入品管理制度》，规范基地农业投入品使用，充分利用微信、抖音、标语、标牌等载体，广泛宣传基地内允许使用的农业投入品名录。在基地、生产经营主体以及农资店醒目位置张贴允许使用农药名录清单，茶农安全用药意识进一步增强。基地内设立绿色食品原料标准化生产农业投入品专供点、绿色食品原料标准化生产农药专柜20个。

近年来，旺苍县创新举措，加大投入，建成全国最大的黄茶种植基地，成功创建"特色黄茶之乡""全国重点产茶县域""茶叶百强县域""茶产业规模化发展示范县域""茶业投资价值新锐县域""茶业品牌营销特色县域"等。培育国家级新型经营主体3家、省级10家，构建了"区域公共品牌+核心企业品牌+标志性产品品牌"的品牌体系，"米仓山茶"的品牌价值在中国茶叶区域公用品牌价值评估中达15.35亿元，其地理标志产品品牌价值达45.11亿元。

撰稿：旺苍县茶产业技术研究所　陈九江
供图：广元市农业农村局　谢谦

抓基础　稳规模　提质量
促进全国绿色食品原料（茶叶）标准化生产基地全链条发展

平武县人民政府

多年来，四川省绵阳市平武县委、县政府牢固树立并切实践行"绿水青山就是金山银山"理念，聚力实施"生态强县、产业富县、文旅兴县、开放活县"四大发展战略，大力推进绿色有机产业发展，为全国绿色食品原料（茶叶）标准化生产基地发展注入活力，实现了良好的经济效益、生态效益和社会效益。

一、健全制度体系，保障基地规范运行

四川省平武县全国绿色食品原料（茶叶）标准化生产基地覆盖平通羌族乡、豆叩羌族乡、锁江羌族乡3个乡36个村，共10万亩，年产鲜茶叶12160吨，年产值7780万元。豆叩、锁江的7家茶叶企业以基地为依托，收购基地鲜茶叶用于制作绿茶、

红茶等产品。成立县级领导机构，设置基地办公室，落实了3个基地乡、36个基地村的责任人和具体工作人员，明确了基地建设、管理内容和职责分工，构建了县、乡、村、户四级生产管理体系。基地管理体系日趋完善，充分保障了基地的建设、管理和发展。

二、夯实基础建设，优化农业生态环境

通过多渠道筹措资金近1000万元，持续完善了基地产业道路建设、水肥一体化排灌渠系建设，核心区配套建设智慧农业监测系统，初步实现了对土壤、气候、作物生长等关键信息的监测和分析，基础设施完全能满足茶叶生产、管理、运输的需要。加大基地投入品管控，发放天敌友好型粘虫板，安装

太阳能杀虫灯,推行生物有机肥,实现化肥使用量基本归零,达到了绿色、环保、节能等目的,优化了基地生态环境,夯实了绿色食品原料标准化生产基地的基础。

三、强化技术服务,提高基地生产能力

积极争取资金项目,强化标准化茶园管理、机修机采和茶园绿色防控等技术培训和指导。采取政府引导、企业包村指导、集体经济组织承接社会化服务的方式,切实将新技术培训到户、落实到茶园,年均指导培训16场次以上,培训人员约500人次。近年来,以基地试验田展示、山区茶园机械化修剪和机械化采摘技术展演为抓手,建设了夏秋茶标准化机修机采示范茶园5000余亩,拓展了基地加工茶产品类目,利用夏秋茶加工红茶和外销绿茶,基地新增出口茶备案基地11000亩,平武绿茶年出口200吨以上,切实提高了全县茶产业的生产能力和综合效益。

四、发挥效益辐射,助力乡村振兴建设

成功培育以"豆叩茶香村"为核心的绵阳市三星级茶叶现代农业园区,稳步提升基地综合生产效益,极大地促进了基地茶叶产业的发展。积极引进培育龙头企业示范带动,大力开展"龙头企业+基地"生产经营模式,打出了"平武绿茶"品牌,把资源优势逐步转化为经济优势,茶农增收显著,凸显了引领带动作用,极大地推动了乡村振兴。近年来,以绿色食品原料标准化生产基地为基础,大力发展生态康养文旅产业,走出了一条三产融合、全面促进群众增收的新路。

撰稿:平武县农业农村局　苏绍艳
供图:平武县农业农村局　徐婷

齐抓共管　巩固全国绿色食品原料（水稻）标准化生产基地创建成果

仪陇县人民政府

四川省南充市仪陇县全国绿色食品原料（水稻）标准化生产基地，面积25万亩，涉及乡镇35个。配套了一条年产3万吨大米的生产线，可实现粮油全产业链综合年产值20亿元。基地凭借完善的管理机制，在推动产业发展、促进产业融合上取得了显著成效。

一、建立完善机制，筑牢管理根基

成立了以分管副县长任组长、县农业农村局主要负责人任副组长、县相关单位负责人为成员的绿色食品原料标准化生产基地领导小组，负责基地建设的领导工作。抓住加强生产基地管理和推行农业标准化生产两个"牛鼻子"，出台仪陇县全国绿色食品原料标准化生产基地生产管理、农业投入品监管、环境保护等制度，发放各类资料4万余份（册），切实规范了基地建设管理工作。基地推行"五统一"生产管理制度，建成县级农资配送中心8家、乡镇级农资放心店35家、村级技术服务点435个，保障了基地产品品质。

二、推动绿色发展,促进产业升级

推广应用"龙头企业+专合社+农户""专合社+农户+标准"等生产模式,将生产技术集成转化为简单实用的操作图或明白纸,做到一户一份,标准转化率和入户率均达到100%。生产企业实施质量承诺机制,落实生产记录制度,严格执行禁限用农药管理、农药安全间隔期等规定。大力推广绿色防控,安装杀虫灯500盏,安放诱虫色板18.2万张、性诱器10.5万套、食诱器3万套、生物导弹(单克隆抗体)2.7万枚、捕食螨1.5万袋。全县主要生产基地推广农作物病虫害绿色防控技术和专业化统防统治面积分别达到70%和65%以上,测土配方施肥应用面积达到82.5%。

三、聚焦产业融合,拓展增值空间

摆脱单纯生产粮食的经营模式,在粮食种植、加工环节以及农耕体验、旅游休闲、文化教育、健康养生等领域深度融合,大力发展园区农业、景区农业、创意农业,延长产业链,提升价值链,促进生产、加工、品牌等产业链条融合发展,增强粮油产业经济发展新动能。投资5100万元新建大米加工标准化厂房及仓储设施3000米^2、改造提升原楼房仓及消防附属配套设施,建成"粮经""粮畜""粮渔"融合示范基地25万亩,农旅融合、景区农业示范基地3个,四川省三星级稻药现代农业园区1个。

撰稿:南充市农业农村局 晏莉霞
供图:仪陇县农业农村局 黄海

仁寿县全国绿色食品原料（枇杷）标准化生产基地建设成效

仁寿县人民政府

四川省眉山市仁寿县委、县政府积极推进全国绿色食品原料（枇杷）标准化生产建设，旨在通过标准化生产和管理，提升枇杷产业整体水平。

一、加强组织领导，建立长效机制

仁寿县全国绿色食品原料（枇杷）标准化生产基地总面积12.3万亩，覆盖了文宫镇、方家镇等9个乡镇，涉及68个行政村、25.6万户农户。仁寿县成立了以县政府主要领导为组长、分管领导为副组长的基地领导小组。设立了专门的基地办公室和生产技术专家组，建立健全县、乡、村、企业四级网格化管理体系。

二、改造基础设施，提高枇杷品质

全国绿色食品原料（枇杷）标准化生产基地建成枇杷全产业链标准体系，采取对枇杷基地全面进行土壤改良（施肥）、绿色防控技术措施示范推广、枇杷园改造升级4000亩、建立枇杷新品种试验示范园250亩等综合措施，成功引进'春花1号'等17个品种，推动了枇杷品种的更新换代，提高了枇杷的抗逆性和产量，实现了枇杷的提前上市和优质生产。

三、发展绿色生产，助推产业提升

全面普及推广绿色生产，着力推广"减量一体化施肥、化控防倒、绿色防控"等配套技术，实施统一农户编号、统一生产记录、统一优良品种、统一生产技术规程、统一田间管理技术、统一产品检测和统一产品包装"七统一"指导模式，实现指导技术全覆盖，创新推广500亩枇杷大棚种植，有效避免霜冻伤害，实现枇杷提前20天上市，优质果率增长80%。

四、强化技术指导，提升监管水平

基地与四川省农业科学院、四川农业大学等机构开展院地合作，建立专家服务团2个，常态化开展技术知识培训，累计培训30余万人次，发放技术资料10万余份；全面实施投入品管理办法、投入品市场准入制度、投入品监管制度，实行"一企一档、一品一人"驻点监管，以实现规模化种植、标准化管理、安全化生产，生态效益、经济效益同步增长。

五、推动产业链条，增强联结机制

坚持以强化龙头企业联农带农激励机制、资产受益机制等利益联结模式，推广"企业＋合作社＋基地"发展模式，示范带动作用明显增强，综合生产能力大幅提升，核心区域枇杷年产值达1500万元，辐射区域枇杷年产值达2亿元，人均年收入增加5000元。农业休闲观光旅游年吸引5万人次，实现年收入500万元。

撰稿：仁寿县农业农村局　杜艳
供图：仁寿县农业农村局　王六玉

推动绿色食品原料（黄果柑）标准化生产基地高质量发展

石棉县人民政府

四川省雅安市石棉县委、县政府高度重视绿色食品原料标准化生产基地建设，自2017年成功创建3万亩绿色食品原料（黄果柑）标准化生产基地以来，石棉县严格按照中国绿色食品发展中心相关要求，以及绿色食品标准化原料生产基地建设与管理办法，扎实推动绿色食品原料（黄果柑）标准化生产基地高质量发展。

一、加强组织领导，建立健全工作机制

石棉县成立了以县长任组长，分管副县长任副组长，县委农工办、县农业农村局、县林业局等相关部门主要负责人为成员的石棉县全国绿色食品原料（黄果柑）标准化生产基地建设领导小组，统筹做好建设工作，各乡镇也成立了相应的工作机构落实基地日常工作。

二、加大投入力度，改善基地生产环境

自基地创建以来，石棉县累计整合资金7000余万元，全县共建成机耕道840千米，硬化联户路、生产便道2303千米，92个行政村全部实现公路"村村通"，整治土地3.98万亩，新建整治堰渠746千米，安装节水灌溉5.5万亩，建设农村户用沼气池7290口，为发展绿色循环生态农业打下了坚实基础。

三、完善体系，实行网格化管理

深化与大专院校、科研院所的战略合作，与四川农业大学、四川省农业科学院和中国农业科学院柑桔研究所签订了黄果柑技术指导服务合作协议，组建

了技术攻关和技术指导专家小组。石棉县成立了黄果柑科技特派员队伍，乡镇指导村组建了专业技术服务队伍，建立了网格化管理技术推广服务体系，层层分片包干落实技术指导，确保每个乡镇、每个基地、每户农户都能得到专业技术指导，实现了基地管理全覆盖。

四、多措并举，促进标准化管理技术落实

实行规范化管理，建立实施"统一优良品种、统一生产操作技术规程、统一投入品供应、统一投入品使用、统一田间管理、统一包装销售"的绿色食品"六统一"生产管理制度。强化宣传培训，制发、张贴《绿色食品（黄果柑）生产者使用手册》《生产操作规程》1.7万余份，设立基地标识牌8个，制作"上墙"管理制度6项，开展各类技术培训300余场次，培训人员3.5万余人次。印发《田间生产农事记录本》2400册，落实专人分类指导，如实填写田间生产操作记录，定期进行检查。大力推广农业防治、生物防治、物理防治等病虫害绿色综合防控技术。

五、强化监管，确保产品质量安全

组建了县级监管队伍，配备了县、乡、村三级监管人员，督促落实《基地管理办法》《质量安全监管制度》等16项制度规定，强化对基地环境、生产过程、投入品使用、生产档案记录等关键环节的巡回检查，确保生产过程标准化。强化源头监管，落实1家信誉度高的农资代理点作为全县绿色食品原料标准化生产基地农业投入品专销店，并引导4家企业、12个合作社构建联合社，统一采购、使用农业生产资料，确保投入品质量。

撰稿：石棉县农业农村局　廖伟
供图：石棉县农业农村局　任萍莉

坚持"四轮齐驱" 提升全国绿色食品原料（玉米）标准化生产基地建设水平

遂宁市船山区人民政府

四川省遂宁市船山区于2007年11月获得全国绿色食品原料（玉米）标准化生产基地认证，建设面积10万亩，分布在全区10个乡镇112个行政村。近年来，船山区依托自然资源优势，以调整农业产业结构为着力点，采取健全组织管理体系、推行生产管理标准化、运用科学技术监测、搭建玉米产销对接平台等措施，强化生产及投入品的管理，玉米产业化经营取得了良好的经济效益、社会效益和生态效益。

一、健全组织管理体系，强化"组织力"

一是强化组织领导。成立了以分管副区长任组长，区农业农村局、区环保局、区市场监管局及乡镇主要负责人为成员的基地建设领导小组，负责基地建设工作。二是坚持通力协作。建立区、乡、村、户四级责任体系，责任明确，分工清晰，形成了层层抓落实的工作格局。三是组建服务队伍。以区、乡农业技术人员为主体，粮油协会为骨干，组建了132人的三级技术服务体系，加强技术服务与指导。

二、推行统一生产管理，打造"标准化"

一是强化生产管理。要求种植户将种植面积、生产日期、投入品购买与使用等情况记入农事记录本，全面反映田间管理情况，从源头到生产过程全方位地为绿色食品提供强有力的保障。二是规范种植技术。建立了"统一优良品种、统一生产操作技术规程、统一投入品供应和使用、统一田间管理、统一收获"的绿色食品"五统一"生产管理制度,有效组织农户生产。三是规范使用农业投入品。基地主要使用有机化肥,采取"无公害农药+生物防治"病虫害防控措施,建成玉米"高产攻关+良种"示范片1600亩,涵盖示范片4个、示范村8个、示范社12个、示范户260户。

三、运用科学监测手段,实现"智能化"

通过国家现代农业园区搭建信息互通平台,将唐家乡全国绿色食品原料(玉米)标准化生产基地作为试点,采用农业物联网技术,结合现代信息化手段,运用种植环境监测系统、农事记录系统、视频监测设备对农产品的产地环境、农事生产过程等质量安全关键环节进行数字化管理,为农产品建立"身份证"制度,实现农产品的全程可追溯。一是采集自动化。通过监测系统和视频监测设备对接物联网设施,对农事生产过程数据智能化、自动化采集和存储。二是生产标准化。检测系统采用标准化生产模式,根据农时对生产环节进行实时提醒,对生产中的违规行为进行预警。三是过程可视化。通过对接产地环境数据采集和视频监控,实现生产过程监管、安全预警。

四、搭建产销对接平台,提升"转化率"

通过不断完善生产技术规程,全面加强绿色食品原料标准化管理和质量控制,提高了玉米基地的品质和市场竞争力,基地年产量达6万吨,产值3600万元。遂宁市积极搭建产销对接平台,提高绿色农产品的"转化率",目前绿色玉米基地内有28家经营主体与成都市龙泉驿区十陵禽业合作社等企业签订了收购合作协议,订单生产面积50152亩,玉米年产量20060.8吨,实现年销售收入1204万元,基地内农民人均年增收600元,基地绿色食品转化率达50.2%。

撰稿:遂宁市船山区农业农村局　王丽琼
供图:遂宁市船山区农业农村局　王丽琼

社会化服务助力茶叶基地质量提升

雅安市名山区人民政府

四川省雅安市名山区是传统的茶业大区，茶叶是农业的主导产业，是农民增收致富的重要支撑，全区拥有39.2万亩茶园，其中27万亩茶园通过全国绿色食品原料（茶叶）标准化生产基地认证。近年来，社会化服务的延伸成为破解小茶户分散生产矛盾难题以及提升绿色食品原料（茶叶）标准化生产基地质量的有力突破口。

一、社会化菜单式服务茶农，打造现代化高质量茶叶原料基地

针对"茶农种植规模小生产效率低、农业先进技术接受慢、生产标准化专业化程度低"等问题，名山区依托农业社会化服务公司，围绕茶叶种植全产业链，严格按照绿色原料（茶叶）标准化生产基地的用药用肥标准，创新推出了飞防施药、测土配方施肥、圆木修剪、农残快速检测等12项"菜单式"农业生产托管服务事项，派遣专业服务队采用现代化农业生产技术，完成茶园机械翻耕、播种、病虫害防治和茶叶采摘等各环节服务任务。精细化、集约化、现代化的茶园管理，减少了茶农的农业生产投入成本，打破了基地"散点式"分布制约，做到了"基地在茶农手中，茶叶实现现代化生产"，保障了绿色食品原料（茶叶）的产值，增加了茶农的收入，推动了乡村振兴。

二、社会化服务搭桥梁，实现优质产品优价卖

茶企需要安全的茶叶鲜叶原料，茶农想实现更高的鲜叶售卖价格。名山区积极探索，围绕产销衔接，延长农业社会化服务链条，探索出农业社会化服务公司农产品"产、供、销"全链条精准化服务，建立健全"五统一"机制，全面解决小茶农农资投入高、生产融资难、种植技术弱、销售价格低等短板问题。统一农资供应，通过社会化服务平台，每年为超过5000户茶农提供种子、农药、肥料等价值100余万元的农资投入品，既节省了生产投入成本，又保障了投入品质量；统一技术服务，开展茶叶、水稻等农作物的种植及病虫害防治等生产技术培训，年服务茶农2000余人次；统一金融支持，全区主要的农业社会化服务公司与中国邮政建立长期金融合作伙伴关系，为茶农提供信贷担保服务，每年帮助有实力的农场主担保贷款200万元以上；统一品牌引领，全区以农产品区域公用品牌"蒙顶山茶"为引领，经评估授权97家茶叶生产经营主体使用"蒙顶山茶"品牌，以此强化茶叶生产、加工标准化，保障茶叶质优价高。目前，"蒙顶山茶"品牌价值达54.76亿元，连续8年入围全国茶叶品牌十强；统一订单销售，农业社会化服务公司与本地龙头企业合作，同茶农签订合同，按略高于当地市场价的价格统一收购农产品，按标准规范加工、统一包装标识、线上线下销售，让农产品"有来路、有出路"，实现农产品保值增值。

撰稿：雅安市名山区农业农村局　杨洋
供图：雅安市名山区农业农村局　杨洋

多措并举　持续推进绿色食品原料（茶叶）标准化生产基地高质量发展

雅安市雨城区人民政府

四川省雅安市雨城区自 2013 年 3 月创建全国绿色食品原料（茶叶）标准化生产基地以来，结合地震灾后农业产业重建、乡村振兴发展重大机遇，立足全区生态环境和资源优势，坚持绿色发展，以巩固提升全国绿色食品原料（茶叶）标准化生产基地建设为抓手，坚守安全底线，强化检测监管，突出专项整治，抓牢抓实基地高质量发展。

一、加强组织建设，优化工作机制

成立以区长任组长，区农业农村、财政、市场监督管理、生态环境等部门以及各基地单元所辖镇（街道）的主要负责人为成员的全国绿色食品原料（茶叶）标准化生产基地领导小组，基地领导小组办公室设在区农业农村局，各成员单位职责明确、责任落实到位。各基地单元建立健全工作机构，明确镇（街道）主要负责人为基地建设负责人，在镇（街道）成立农产品质量安全服务站，设置农产品质量安全监管岗位。行政村配备农产品质量安全协管员，明确岗位职责，开展基地巡查工作。

二、规范基地管理，提升茶叶品质

建立网格化管理制度，按照《全国绿色食品原料标准化生产基地管理办法》要求，坚持区域化布局、规模化发展、标准化种植的基地建设原则，严格落实网格化监管责任，层层落实属地管理责任、监管责任、生产主体责任。坚持常态化检测，为确保茶叶质量安全，全区每年茶叶农残快速检测3200批次，采用胶体金法快速检测茶叶样品2000批次，定量检测320批次，为雨城区茶叶质量安全保驾护航。

三、加强绿色防控，净化产地环境

大力开展绿色茶叶种植技术，建立基地内农业固体废物和农村生活垃圾分类处理制度，加强基地内农业固体废物和农村生活垃圾的回收、利用和处置工作，保持基地内的环境整洁。同时，对标《生态茶园建设指南》，发展"茶+N"立体式生态种植，推广优质高效生态茶园栽培技术，采用畜—沼—茶循环发展模式，促进茶园生态良性循环，实施"两个替代"和化肥农药减量增效行动，引进捕食螨、性诱剂等新技术，近年来累计安装频振式杀虫灯1500多盏，扦插黄板120余万张，从源头上提高基地茶园管护水平和茶叶质量安全。

四、全域融合发展，推动产业提质增效

大力推进"公用品牌+企业品牌"建设，每年组织20余家茶叶主体参加中国国际茶业博览会、绿色有机地理标志相关博览会等各类活动20余次。注册"雅安藏茶"地理标志证明商标，先后获评"全国茶业百强县""四川茶业十强县""四川省现代农业（茶叶）产业基地强县""四川省特色农产品（茶叶）优势区""四川省十大最美茶乡"

等。建立健全产销一体化，鼓励各类社会服务组织和专业人员为基地提供生产技术服务，助力乡村振兴发展。目前茶叶鲜叶年产量7.3万吨，年产值17.78亿元；干茶年产量1.825万吨，年产值24.88亿元；"雅安藏茶"品牌估值29.69亿元，较2023年增加7.65亿元，增幅达34.7%，排名全国第四十八位、四川黑茶第一位，位居中国黑茶第一方阵。

撰稿：雅安市雨城区农业农村局　张矛
供图：雅安市雨城区农业农村局　汤忠琴

安岳县全国绿色食品原料（柠檬）标准化生产基地建设成效

安岳县人民政府

四川省资阳市安岳县全国绿色食品原料（柠檬）标准化生产基地于 2008 年 12 月首次创建，建设规模 15 万亩，并于 2013 年成功创建国家级出口柠檬质量安全示范区。安岳县柠檬保存面积 48 万亩，常年产量 60 万吨，均占全国的 70%，享有"中国柠檬看四川，四川柠檬看安岳"的美誉。

一、建强基地组织

一是成立了安岳县绿色食品原料（柠檬）标准化生产基地建设领导小组，制定基地建设实施方案，完善相关管理办法和制度，细化相关的工作职能和建设措施。二是加强单元基地管理和技术服务组织，明确乡镇、村负责人和技术负责人，组织农民严格按照绿色食品原料生产技术规程施肥、防治病虫害、进行田间管理和收获。三是将基地建设成效纳入各基地乡镇和县级有关部门年度综合目标考核，层层签订目标责任书，实行县、乡镇、村行政首长负责制，为基地建设提供了可靠的组织保障。

二、强化标准化生产

一是优化调整农业产业种植业结构，将基地标准化建设和现代农业示范园区建设紧密结合。二是绘制了全县标准化生产基地分布图和以村为单位的各乡镇地块分布图，对农户田间档案和技术管理簿册实行规范管理。三是加强农资市场监管，对县域各农资销售网点实行不定期检查，基地内未发现绿色食品禁用农药与肥料的销售、购买和使用情况。四是加强柠檬病虫害预警测报，推行绿色防控技术，减少农药用量，基地标准化程度大幅提升。

三、开展技术培训

开展县、乡镇、村、户四级绿色食品生产管理技术培训。2024年，开展各级培训2000余场次，参加人员达30万人次；发放《安岳柠檬标准化种植技术》8万册，印发柠檬四季管理技术、主要病虫害防治简报97期；全县23个绿色食品生产基地乡镇，共460个示范户进行绿色食品基地种植示范，把简单易学、先进实用、集成配套的柠檬标准化生产技术和绿色食品防灾减灾技术传授给科技示范户；推出"柠檬900"系列专题片，将柠檬周年的农事管理技术制成影像，定时在安岳广播电视台播出。

四、完善基础设施

按照"统一规划、统一编制、统一审查、统一上报、统一实施"方式整合涉农项目，县财政每年在柠檬基地投入资金500万元以上。一是对基地内土壤环境、空气质量、水质进行长期布点监测，基地环境质量完全符合《绿色食品 产地环境质量》(NY/T 391)要求。二是加强标准化生产基地基础设施建设和生态环境建设，禁止向保护区耕地排放有毒有害废水、废气，禁止人畜禽粪农家肥未经高温腐熟堆制直接施入农田。

五、联农带农作用明显

2023年，安岳县柠檬产业综合总产值为154.34亿元，果农（33万人）人均纯收入17220元，果农人均增收298元；全县农民（131万人）柠檬人均纯收入4338元，约占总收入的60%。柠檬产业成为安岳县脱贫攻坚和乡村振兴的重要支柱产业。

撰稿：安岳县柠檬产业发展中心　田景华
供图：安岳县柠檬产业发展中心　何俊

贵州省

齐抓共管 巩固全国绿色食品原料（薏苡）标准化生产基地创建成果

兴仁市人民政府

近年来，贵州省黔西南布依族苗族自治州兴仁市委、市政府高度重视薏仁米产业发展，把薏仁米产业作为贵州山地特色高效农业产业来抓，加强全国绿色食品原料（薏苡）标准化生产基地建设，取得了良好的经济效益、社会效益和生态效益。

一、加强组织领导，健全基地建设机制

3.7万亩基地涵盖了下山镇、城北街道等3个基地单元的8个行政村，带动农户1.1万户。为抓好基地建设工作，市委、市政府成立了以市政府主要领导任组长，市政府分管领导任副组长，农业农村局、财政局、生态环境保护局、市场监督管理局等市直部门和基地所在乡镇（街道）主要负责同志为成员的基地领导小组，领导小组办公室设在市农业农村局，负责基地技术服务体系和质量保障体系的建立，并具体承担基地日常管理和协调工作，相关乡镇（街道）也成立了基地办公室，配备了专职人员，负责基地日常监管工作，形成了县、乡镇（街道）、村三级监管模式，加强了薏仁米全程质量控制。市政府建立健全基地建设目标责任制度，将基地建设管理工作纳入各部门的绩效考核。

二、改善基础设施，促进机械化生产

积极开展基地内高标准农田建设，已建成的高标准农田田间道路通达率、机械化率、灌溉率均达到100%，建成"田成方、林成网、渠相通、路相连、旱能浇、涝能排"的高标准农田。在薏仁米种植过程中，实现了耕、种、管、收全程机械化。

三、加强薏仁米新品种成果转化应用

为加强科技创新能力建设，积极与贵州大学、贵州省农业科学院、黔

西南州农业林业科学研究院等科研院所合作，加强薏苡新品种选育和成果推广运用。在兴仁市建成了400亩原种基地和2000亩良种繁育基地，繁育品种包括'兴仁小白壳''薏珠1号''黔薏2号'等，为原料基地提供了优质良种。

四、强化管理体系，提升质量监管水平

不断强化生产管理、农业投入品、技术服务、监督管理、产业化经营五大体系建设。健全县、乡镇（街道）、村、户四级生产管理体系，发放技术明白纸和禁限用农药名单，加强生产档案管理，要求农资经营主体建立购销台账，加强绿色食品农药使用准则和肥料使用准则的培训；建立联保机制，全面落实基地监管职责，组建基地监管队伍，加强基地环境、生产记录、投入品使用、产品质量等监督管理，实现全链条、全过程监督管理。建立县、乡镇（街道）、村三级农业技术推广网络，先后对基地建设领导小组成员、生产管理人员、技术推广人员、产业化经营单位负责人和基地群众进行系统培训。

五、拓展产销链接，实现产业集群发展

坚持以绿色种植为基础，提升精深加工水平，推动基地农产品向高端食药品发展，积极与食药科研机构对接，采取政府引导、企业承接的模式，研发薏苡仁大众化及高端产品，延长产业链。目前，基地对接企业共4家，其中省级以上龙头企业2家。兴仁市围绕薏苡仁代茶、代餐，以及系列保健品做文章，立足薏苡仁"药食两用"价值，瞄准广东"饮凉茶、煲靓汤"养生传统，充分发挥海纳集团"桥头堡"作用，拓展广东和大湾区消费市场。同时，创造性向线上发展，与京东科技信息技术有限公司达成战略合作协议，围绕智慧农业、新零售服务、金融服务三大板块进行战略合作，提高薏苡仁品牌影响力和市场占有率。

撰稿：兴仁市农业农村局　王昱贵
供图：兴仁市文学艺术界联合会　罗振飞

从田间到餐桌 修文县猕猴桃标准化生产重塑绿色产业链

修文县人民政府

在当前农业绿色发展的浪潮中，贵州省贵阳市修文县凭借其独特的地理条件和严谨的管理模式，成功创建全国绿色食品原料（猕猴桃）标准化生产基地，成为全国瞩目的农业绿色发展典范。

一、基地创建背景与过程

修文县地处贵州省中部，气候温和、土壤肥沃，非常适合猕猴桃的生长。自2018年被批准为第十九批全国绿色食品原料标准化生产基地创建单位以来，修文县积极响应国家绿色发展战略，致力于提升猕猴桃产业的绿色化、标准化水平。

在创建过程中，修文县在国家、省、市三级绿色食品管理机构的指导下，严格执行绿色食品标准，不断完善组织管理、环境保护、生产管理、农资管理、技术服务、监督管理、产业经营"七大管理体系"。经过几年的努力，修文县猕猴桃产业实现了从种植到加工的全链条绿色化转型，基地内猕猴桃品质显著提升，品牌效应日益凸显。

二、标准化生产管理

修文县猕猴桃标准化生产基地大力推广绿色种植技术，包括增施有机肥、生物防治病虫害、测土配方施肥等。这些技术的应用不仅提高了猕猴桃的产量和品质，还减少了化学农药和化肥的使用量，降低了对环境的污染。

为确保猕猴桃生产的标准化和规范化，修文县制定了详细的猕猴桃种植操作规程，包括育苗、定植、修剪、施肥、灌溉、病虫害防治等各个环节。基地内的农户和合作社严格按照规程操作，确保了猕猴桃产品的一致性和优良品质。

三、质量监控与品牌保护

修文县猕猴桃标准化生产基地建立了完善的质量监控体系，包括产地环境监测、生产过程监督、产品检验检测等环节。通过定期对土壤、水源、空气等环境因素的监测和评估，确保猕猴桃生长环境的绿色安全；通过加强生产过程的监督和管理，确保各项绿色种植技术的有效实施；通过严格的产品检验检测，确保猕猴桃产品符合绿色食品标准。

修文县高度重视"修文猕猴桃"品牌保护工作，采取了一系列有效措施。通过加大品牌宣传力度，提升消费者的认知度和信任度；通过加强市场监管和执法检查，严厉打击假冒伪劣和侵权行为，维护"修文猕猴桃"品牌的良好形象。

四、市场营销与品牌建设

修文县猕猴桃标准化生产基地积极拓展多元化营销渠道，包括线上电商平台、线下实体销售、参加国内外农产品博览会等。通过多渠道营销，不仅扩大了修文猕猴桃的市场覆盖面和影响力，还提高了产品的市场竞争力。

修文县注重挖掘和传承猕猴桃产业的文化内涵，通过举办猕猴桃文化节、猕猴桃采摘节等活动，展示修文猕猴桃的独特魅力和文化底蕴。加强品牌文化建设，提升品牌附加值和市场竞争力。

五、结语

修文县全国绿色食品原料（猕猴桃）标准化生产基地的成功创建，是农业绿色发展理念的生动实践。通过严格的标准化生产管理、完善的质量监控体系、有效的品牌保护措施以及多元化的市场营销策略，修文县猕猴桃产业实现了从种植到销售的全链条绿色转型和高质量发展。未来，修文县将继续在绿色品牌创建上下功夫，不断完善种植标准和管理体系，推动猕猴桃产业向更高水平迈进。

撰稿：修文县农业农村局　和岳
供图：修文县农业农村局　李秋萍

云南省

创基地 树品牌
助力云茶产业高质量发展

凤庆县人民政府

近年来，云南省临沧市凤庆县牢固树立绿色发展理念，坚持以绿色食品原料标准化生产基地建设作为茶产业的突破口和着力点，强势推动茶产业转型升级，取得良好的生态效益、社会效益和经济效益。

一、规模化管理，促基地建设

凤庆县委、县政府瞄准产业定位，聚焦"一盘棋"统筹，以实施"统一优良品种、统一生产操作规程、统一投入品供应和使用、统一田间管理、统一收获"的绿色食品"五统一"生产管理制度为支撑，建成县级示范基地 2 个、示范村 52 个、示范户 1787 户，全力创建 48.87 万亩绿色食品原料（茶叶）标准化生产基地，基地管理水平整体提升。

二、标准化生产，提产品质量

制定并推行《凤庆县创建全国绿色食品原料（茶叶）标准化生产基地管理办法》等 12 项基地管理制度，编写《凤庆滇红茶优质原料核心基地建设技术手册》，制定发布《凤庆县滇红茶技术标准》，同步完善"经典 1958""滇红 1938"等凤庆滇红茶品类的初制加工技术规范，凤庆滇红茶实现"三个一标准"，即一个标准生产、一个标准加工、一个标准定级，红茶品质得到有效提升，产品竞争力增强成效明显。

三、集约化供应，抓投入品管理

凤来县基地办公室联合农资公司，在所辖乡镇建立 20 个绿色食品原料标准化生产基地投入品专供点进行授牌经营，做到有源可查；鼓励对销售、使用不符合绿色食品原料标准化生产基地要求的肥料、农药的行为进行举报；印发《绿色食品　农药使用准则》《绿色食品　肥料使用准则》《绿色食品知识宣传手册》等宣传资料 10 万余份，宣传覆盖面达 100%，绿色食品原料标准化生产工作深入人心，基地优质原料供给能力明显提高。

四、系统化服务，抓技术保障

由农业农村、人力资源、生态环境等部门技术骨干和基地单元 40 余名技术人员组成服务队伍，充分整合各部门的资源，健全"横向到边、纵向到底"的技术服务保障体系，强势推进绿色食品基地技术培训与服务，基地建设政策宣传、标准实施实现项目区域全覆盖。

五、产业化经营，促产品转化

按照"企业+农户+基地""企业+集体经济组织+茶农""企业+合作社"等产业化经营模式，依托农业产业化龙头企业，组织开展绿色食品申报工作，13 家企业完成 110 个绿色食品产品的申报并获批。实现基地管理更加规范、标准体系健全完善、品牌建设持续推进、产业效益明显提升等良好成效，"小生产"连接"大市场"机制作用逐步显现。

六、建产业联盟，促协同发展

以党建引领为抓手，发挥政协作用，深入实施凤庆滇红茶全链条组织化议事协商、组建联盟、制定标准、拉通链条、净化市场"五步走"战略。通过探索与实践，凤庆滇红茶产业联盟 110 家成员单位链全全县 81.6% 的初制所、86.6% 的茶农，有效管控 85.2% 的茶园面积。2023 年入盟企业亩产值达 2823.08 元/亩，受益茶农达 26 万人。

撰稿：凤庆县地方产业发展服务中心　李光云
供图：凤庆县地方产业发展服务中心　王平华

绿色食品原料标准化生产基地建设典范

注重环境保护　强化科技支撑
联农带农促增收　因地制宜发展新质生产力

石林彝族自治县人民政府

云南省昆明市石林彝族自治县牢固树立绿色发展理念，以"七大管理体系"建设为遵循，把绿色食品原料标准化生产基地作为保障国家粮食安全、推进农业高质量发展的具体抓手，持续推动，取得了良好的生态效益、社会效益和经济效益。

一、基本情况

绿色食品原料（玉米）标准化生产基地建设范围涵盖石林彝族自治县圭山镇海邑、额冲衣、糯黑、和合等14个行政村66624亩。基地共划分为14个单元、涉及农户5619户，是一项涉及面广、环节多的系统工程。

二、主要做法

首先，加强组织领导，完善组织机构制度。县委、县政府成立以分管农业工作的副县长任组长、9个相关单位为成员的领导小组，办公室设在县农业农村局，统筹协调基地建设工作。县、乡镇（街道）成立技术服务小组，负责具体服务工作。

其次，健全服务体系，提高生产技术水平。通过健全县、乡、村三级技术服务体系，加大技术培训与技术服务力度，重点开展绿色食品相关知识培训，平均每年培训相关人员1.6

万余人次，设立绿色食品宣传专栏 54 个，发放绿色食品生产知识宣传单 1.2 万余份。

再次，强化环境保护，提升基地生态环境。一是选择抗病、高产、优质的优良品种，注重轮作，做到用地、养地相结合。二是统防统治。依托各级技术部门，积极开展农业防治、生物防治和物理防治等新技术综合防治工作。三是保护水源环境。严禁工业、企业乱排放或倾倒废气、废水、废油、固体废弃物。四是指导基地投入品使用。严格按照绿色食品生产要求，以施用农家肥和有机肥为主。五是在各村小组建立 14 个垃圾回收站点，基地内农业用薄膜、化肥口袋、农药瓶均做到分类处理回收。

最后，完善管理体系，产品质量安全追溯。依托"昆明市农产品质量安全互联网＋应用大数据平台""云南省农产品质量安全追溯信息平台""国家农产品质量安全追溯管理信息平台"，对生产基地环境、投入品使用、病虫害防控、产品采收与销售等信息实时监测，实现全面数字化、电子化、网络化管理，确保产品质量安全可追溯性。

三、工作成效

先后引进 5 家国家级、省级、市级农业产业化重点企业与绿色食品原料（玉米）标准化生产基地农户签订订单。产品收购价格高于市场价 0.2～0.3 元/千克，基地整体年收益增加约 825 万元，农户年收入平均增加约 1650 元，联农带农成效显著，实现企业、农户"多赢"局面。绿色食品原料（玉米）标准化生产基地"以基地建设、技术保障、管理体系、农户参与为基础"的产业化发展模式，在全县农业产业高质量发展中起到示范带动作用。

撰稿：石林彝族自治县农业农村局　袁翠连
供图：石林彝族自治县农业农村局　毕发辉

 陕西省

实施"二三四五"工程
打造猕猴桃绿色食品发展新高地

眉县人民政府

陕西省宝鸡市眉县把全国绿色食品原料（猕猴桃）标准化生产基地建设作为推动农业高质量发展的重要抓手，通过大力实施"二三四五"工程，眉县猕猴桃产业核心竞争力和综合效益显著增强。

一、强化"两项保障"，筑牢绿色发展根基

一是强化组织保障。成立了以县长任组长、各镇（街道）和各部门主要负责人为成员的基地建设工作领导小组，领导小组办公室设在农业农村局，由专人负责相关工作。二是强化资金保障。县财政每年列支1000万元资金，用于基地建设、绿色食品认证、品牌建设等。

二、构筑"三大体系"，推广绿色生产方式

一是建立科技研发体系。与西北农林科技大学实施战略合作，组建了猕猴桃产业国家创新联盟和眉县猕猴桃学院，形成了产学研技术合作示范平台。二是创新技术推广体系。实施眉县猕猴桃科技入户工程，培养猕猴桃乡土专家56名、高级果农550多名，培训职业农民5500多人次，轮训果农10万人次以上。三是总结完善标准体系。编制的《陕西省猕猴桃标准综合体》成为陕西省猕猴桃种植的地方标准，为全面实施绿色标准化生产提供技术保障。

三、抓好"四个环节",提高果品绿色品质

一是抓好基地建设环节。国家地理标志农产品认证16.36万亩,有机产品认证8657亩,绿色食品认证15万亩,"两品一标"认证农产品比重达到70.4%。二是抓好质量管控环节。制定了《眉县绿色食品原料(猕猴桃)标准化生产基地农业投入品监管实施办法》,全县主要农作物化肥利用率为41%,农药利用率为40%,畜禽粪便、秸秆、农产品加工剩余物等循环利用率为91%。三是抓好检验检测环节。眉县农安中心实验室通过"双认证",全县8个镇(街道)实现标准化监管站全覆盖,每个村配备了1名协管员,6个龙头企业建立了质量安全检测室,形成了"县为中心、镇(街道)和企业为补充"的检验检测服务网络。四是抓好果品流通环节。大力推广农产品质量安全承诺达标合格证制度,出售的猕猴桃都贴有包含产地及种植户信息的质量控制可追溯二维码,实现了"从果园到餐桌"无缝隙质量安全监控。

四、聚焦"五化目标",实现绿色增值增效

一是特色产业规模化。全县猕猴桃种植面积30.2万亩,年产量53万吨,年综合产值突破60亿元,种植面积接近全省的1/3。二是经营方式集约化。全县培育各类猕猴桃社会化服务组织73家,社会化托管服务面积达到72335亩,涉及全县所有镇(街道)80%的行政村,受惠果农5万多户。三是生产管理智能化。建成智能化果园3个,降低成本30%以上,节约人工费用50%以上。在20个村建设智慧农业施肥系统示范园2万亩,平均每亩节约灌溉施肥成本44%。四是市场营销品牌化。持续强化区域公用品牌宣传推广和监管,连续举办12届中国(国际)猕猴桃产业发展大会,"眉县猕猴桃"品牌价值达到161.37亿元。五是产业形态融合化。全县有猕猴桃专业合作社189家,建成猕猴桃生产加工营销企业55家,果业中介服务机构300多家,年加工猕猴桃5万吨,年产值10亿元。建成休闲农业与乡村旅游景点17处、产业示范园12个、休闲农家示范村6个,形成了"一区三线二十园"的休闲农业发展格局。

撰稿:眉县农产品质量安全中心　孙亮
供图:宝鸡市农产品质量安全监督检测中心　孙兆军

 甘肃省

绿色食品原料标准化生产基地建设典范

标准引领　品牌赋能　全力推进
绿色食品原料（枸杞）标准化生产基地高质量发展

瓜州县人民政府

甘肃省酒泉市瓜州县委、县政府高度重视绿色食品原料（枸杞）标准化生产基地建设，按照"区域化布局、规模化生产、一体化经营、品牌化销售"的原则和"乡有示范区、村有示范园、户有示范田"的建设思路，紧紧围绕枸杞良种苗木使用、标准化栽培技术示范推广、标准化基地建设及技术培训等重点工作，认真开展了组织管理、生产管理、投入品管理、技术服务、监督管理、基础设施、产业化经营等重点工作，全面推进全县枸杞产业实现绿色高质量发展，枸杞标准化生产基地建设取得了显著成效。

一、加强组织领导，明确职责分工

为了切实抓好基地建设，瓜州县成立了绿色食品原料（枸杞）标准化生产基地建设领导小组，设立了基地建设领导小组办公室，由县自然资源局负责日常工作，在县林果技术服务中心设立枸杞产业服务站，配备专门的工作人员，配套完善的管理制度，切实加强对枸杞标准化生产的技术指导和管理。各基地建设乡镇也由基层林业站具体负责，明确专职人员和管理职责，狠抓枸杞生产、采摘、晾晒等生产环节的管理，确保了枸杞标准化生产基地建设工作的有序推进。

二、规范基地管理，狠抓标准化生产

引进推广 8 个枸杞优新品种，开展以统防统治为重点的枸杞病虫害绿色综合防控，积极推广有机肥替代化肥、纳米微肥应用等新技术。严格生产管理，建立健全县、乡、村、户四级生产管理体系，实施产品质量追溯制度，统一印制和组织填写绿色食品原料枸杞农户管理档案，加强各个环节的监督管理。

三、狠抓科技培训，提升标准化栽植水平

紧密结合产业发展实际和农户生产需求，开展点餐式培训，做到因需施教、对症下药。严格落实"技术人员包组、技术股室包村、技术领导包乡"的"三包"工作制，每年开展科技培训不少于 100 场次，培训农民不少于 1 万人次，构建了"乡有实训基地、村有实用人才、组有技术骨干、户有技术明白人"的产业技术服务体系，为全县枸杞产业高质量发展奠定了人才基础。

四、突出品牌引领，打造瓜州枸杞品牌特色

瓜州县共注册"瓜州枸杞"地理商标 1 个，注册企业自主商标 24 个，认证"三品一标"企业 7 家，认证面积达 8 万亩以上。栽植、采摘、加工、投入品管理等均严格按照枸杞标准化技术规程进行，确保枸杞产品质量达标，为全县枸杞产业高质量发展奠定了基础。

五、构建枸杞产业化体系，推动枸杞产业高质量发展

采取引品种、改技术、建基地、提品质、育龙头、创品牌等多项举措，建成了瓜州县现代枸杞产业综合示范园区，每年吸纳广州、河南等地客商 300 余名，年生产加工枸杞 5000 余吨，实现年利润 1200 万元。枸杞产业化体系建设，为推动全县枸杞产业高质量发展以及助农增收、助力乡村振兴奠定了坚实的基础。

撰稿：甘肃省酒泉市瓜州县林果技术服务中心　甘作强
供图：甘肃省酒泉市瓜州县林果技术服务中心林业站　石金兰

全力打造绿色食品（苹果）原料标准化生产基地助推产业高质量发展

静宁县人民政府

甘肃省平凉市静宁县以打造绿色食品原料（苹果）标准化生产基地为目标，紧扣优势强链，突出特色延链，围绕弱项补链，"三品"齐抓，"五区"共建，全力推进静宁苹果产业转型升级和高质量发展。

一、建基地，高起点谋划，高质量落实

静宁县委、县政府始终把绿色兴农、质量兴农、品牌强农作为富民强县的重中之重，先后出台了《关于苹果产业转型升级创新发展的实施意见》等政策文件，编制《静宁苹果"三品一标"发展规划》等一系列规划和措施，促进了苹果产业的高质量发展。坚持把绿色食品原料标准化生产基地建设作为稳面积、提品质、增效益的关键举措，全面推行集约化承包、契约化委托、股份制合作、互助化租赁四种经营方式，实施果园提质增效30万亩。严把前期规划、苗木质量、技术规范、防灾减灾、机制创新"五个关口"，集中打造了城川高湾、古城陈河和治平大庄等160个专业村，建成了现代高新技术矮化密植示范园10万亩，推广伐老建新、高接换优技术改造果园1000亩。全县果园总面积稳定在500万亩以上，其中，创建全国绿色食品原料（苹果）标准化生产基地50万亩，绿色果品、出口创汇等各类认证基地69.4万亩，绿色食品原料（苹果）标准化生产基地示范区户均果园面积10亩。

二、抓管理，坚持提品质，全力推标准

以创建国家级、省级和县级标准化示范园为抓手，大力推行干部帮扶、群众参与的果园示范点培育机制，推行创业园、就业园、合作园等模式。开展劳务托管、机械服务、技术服务、统防统治、产品营销等社会化服务，构建起全方位、全产业的保姆式服务，建成了一批规模大、效益高、带动能力强的示范乡、示范村

和示范户，实现了示范区标准化全覆盖。以"五区"共建为载体，以果园管理提质增效为抓手，对果农进行线上线下技术培训，安装设置绿色防控设施设备，推广苹果花期人工辅助授粉，发放果园防灾减灾技术宣传材料。建成城郊高标准脱毒苗木繁育基地2000亩，实现年繁育优质抗重茬苗木100万株以上。建成静宁苹果产销大数据、空天地一体化监测和智慧农机装备综合服务平台，并配套相关体系与设备，帮助示范区果农实现了从"经验种果"到"数据种果"的转型，带动全县果园标准化管理面积达到80万亩。

三、增效益，坚持创品牌，稳定拓市场

坚持高标准定位，调整优化品牌战略，实施"区域公用品牌+企业产品品牌"双品牌模式，全力打响示范区"静宁苹果"地理标志区域公用品牌。组织"三品一标"龙头企业参与国际国内知名农产品展销会，在中央电视台播放"静宁苹果"宣传主题片，利用自媒体在电商平台宣传，使"静宁苹果"品牌效应得到进一步提升。建立"政府主导、部门负责、经营者自律、社会监督"四位一体的果品质量安全追溯体系，有效提升了"静宁苹果"品牌价值。举办中国苹果产销峰会暨静宁苹果产业高质量发展大会，先后赴北京、天津等地以参加节会、举办招商推介会等方式开展静宁苹果品牌宣传推介10余次，被中国果品产业协会授予"全国苹果全产业链示范区"称号，被中国果品流通协会授予"全国果业高质量发展共建县"称号。"静宁苹果"成功注册了马德里国际商标，品牌价值达到170亿元，位居全国区域公用品牌苹果类第三位，入选国家农业品牌精品培育计划，荣获中华品牌商标博览会金奖等多项荣誉。全县果品年总产量在100万吨以上，年产值60多亿元，农民人均果品年纯收入达到8000元以上。

撰稿：静宁县农产品质量安全监督与检验检测站　秦国正
供图：静宁县果业服务中心　温有福

三措并举 聚力打造绿色食品原料（冬小麦）标准化生产示范"高地"

灵台县人民政府

近年来，甘肃省平凉市灵台县积极响应国家、省、市各级号召，深入贯彻绿色发展理念，按照"一控两减三基本"的目标要求，深入推广"粮食+"绿色高质高效技术模式，依托项目、集成技术、集约资源，在北部园区等重点乡镇精心打造10万亩冬小麦绿色食品原料标准化生产示范基地，为全县农业转型升级、提质增效提供了典型样板。

一、创新技术，精心打造绿色标准化示范基地

按照"项目扎堆、形成合力"的原则，集成技术、集约资源、技物结合，高标准建设绿色食品原料（冬小麦）标准化生产示范基地10万亩，在基地内创新推广"高茬收割+秸秆翻压还田""机械深松耕+复种绿肥""增施有机肥+测土配方施肥""选用良种+药剂拌种""机械条播+宽幅匀播""耧施化肥+根外追肥""一喷三防+绿色防控"七大集成技术，以及"精量播种""适期晚播""适时收获"三大实用技术，探索形成了冬小麦"绿色高质高效""良种繁育生产""有机小麦生产"三大技术规程，精心打造了粮食生产"万千百"示范工程。集自主创新、集成示范、推广应用、创业培训、科普宣传等多功能于一体，把示范基地建成了农技推广部门与新型经营主体合作联姻的共享平台、品种更新换代与科技成果转化应用的前沿阵地、部门合作交流和技术集成应用的展示基地、农技人员知识更新与农民观摩培训的"田间学校"。

二、创新机制，全力提升基地建设质量档次

立足于打造"一优四化"工程（优选主栽品种，栽培技术标准化、经营管理产业化、生产过程

机械化、鼓励适度规模化），把优化机制作为基地质量提升的重要举措，在巩固"农技人员包村联户"和"专家+农技人员+科技示范户+辐射带动户"等工作机制的基础上，创新并推行了"部门+企业+合作社+基地+农户""龙头企业+合作社+基地+农户"的工作机制，由农业技术推广服务部门全程跟进指导，促进经营主体与基地耕

种管收全程衔接，引导农户全程参与绿色食品原料标准化生产基地建设，指导种子企业按照良种规范进行统一收购，形成优质优价和市场产能效益，全力推动冬小麦产业高质量发展。

三、创新模式，科学延链补链强链增效益

在基地建设中，始终坚持生产、加工、销售一体化发展，实现延链增收。在销售方面，与云翔面业、金徽酒业等知名企业对接，应用绿色食品标准化生产技术，年订单生产'灵选6号''陇塬235''铜麦6号'等优质原料冬小麦5万吨。在良种繁育方面，与鑫丰等种子企业合作，签订3年以上良种繁育合同，指导新型经营主体严格落实良种繁育制度，年建设良种繁育基地1.5万亩以上，繁育优质良种200万千克以上。在品牌打造方面，与"农字号"国有公司、村集体合作社、荔江农牧生态有限公司紧密合作，种植营养功能性彩色小麦'陇紫麦2号'4000亩、建设有机小麦示范基地1036亩，开展品质鉴定20个，培育'灵选6号''灵麦2号'等本地优势品种4个，注册"灵台手工面"商标1个，打造"汉黍"牌有机小麦和有机石磨面粉品牌2个，研发推出"灵台手工面"专用面粉，实现了特色面粉及有机面粉批量生产、订单销售，带动了全县冬小麦产业提质增效、品牌升级。

撰稿：灵台县农业技术推广中心　张永华
供图：灵台县农业技术推广中心　李彩军

强基赋能　提质增效　推进绿色食品原料（荷兰豆）标准化生产基地高质量发展

天祝藏族自治县人民政府

甘肃省武威市天祝藏族自治县充分发挥高原冷凉资源禀赋，通过强组织、严监管、重参与、扬优势等一系列举措，有效推动"错峰头"绿色优质农产品规模化、标准化、品牌化发展，有力带动了产业发展、农民增收。

一、强组织，建立健全管理体系

成立县政府主要领导任组长、分管领导任副组长、相关单位为成员的基地建设领导小组，统筹协调基地建设工作，设立基地办公室负责基地技术服务体系和质量保障体系落地实施。建立起县、乡、村、企业、农户五级服务体系，形成了目标具体、责任压实、服务到户、监管到位、运转高效的组织管理体系。基地涵盖华藏寺镇、打柴沟镇、石门镇、松山镇4镇23村2106户，面积3万亩，涉及行政村数量占全县的12.9%。

二、严监管，提升科技服务水平

制定天祝绿色食品原料（荷兰豆）标准化生产基地技术规程，推广荷兰豆覆膜机械播种、单行覆膜种植、测土配方施肥、施用生物有机肥、病虫害综合防治、太阳能频振式杀虫灯等技术。定期和不定期对全县51家农资门店巡查检查，及时公布基地推荐使用、禁限用的农业投入品名录，指导科学合理选择和使用农药、肥料、农膜等农业投入品。严格执行基地生产管理体系，按照集中连片、合理规划、规模发展的原则，实行区域化种植，根据良种试验示范结果，推广非转基因品种，基地良种普及率达到100%。

三、重参与，促进产业提质增效

坚持基地建设与龙头企业发展互相促进的原则，建立互惠互补双赢机制。通过与龙头企业合作采取订单生产、加价收购、利益返还等形式，反哺基地农户，建立与农户风险共担、利益共享的机制。以两家省级龙头企业为核心，以每斤高于市场价0.2元的价格与基地农户签订荷兰豆产销合同，促进农民年增收1200万元。基地产业化对接率达到100%，使基地成为龙头企业标准化生产的绿色食品原料第一车间，通过基地建设延长产业链，依托基地优质资源，支持农业产业化龙头企业发展净菜、冻干蔬菜加工，不断拓展绿色食品加工链条。

四、扬优势，推动县域经济发展

充分利用天祝藏族自治县地域优势：夏季气候凉爽，病虫基数低，危害小；农业用水来源于境内的祁连山雪水，无过境污染河流；土壤养分丰富，耕层深厚，理化性状良好，排灌方便，有机质含量29.1克/千克以上。作为绿色食品荷兰豆生产的优势产地，天祝藏族自治县"错峰头"荷兰豆产业具有强大生命力。通过基地建设有效带动全县"三品一标"农产品发展，目前已累计认证（登记）企业17家、产品90个。农产品认证基地面积25.38万亩，认证产量19.76万吨，畜产品地理标志登记2.6万头。取得地理标志证明商标6个，认证面积13万亩。基地年总产值在3亿元以上，荷兰豆年净产值达2.2亿元，有效促进了农村经济的健康发展，对县域经济的带动作用十分明显。

撰稿：天祝藏族自治县农产品质量安全检测站　高天啟
供图：天祝藏族自治县农产品质量安全检测站　马草吉

青海省

强管理 抓落实 固成效
奋力推动绿色食品原料（白菜型小油菜）标准化生产基地改革创新

青海浩门欣源农业有限公司

青海浩门欣源农业有限公司牢固树立绿色发展理念，紧密结合公司生产实际，重点开展区域特色明显、产业化经营条件成熟、标准化体系完善、市场发育程度较高、产品市场竞争优势较强的油菜种植业生产，绿色食品原料（白菜型小油菜）标准化生产基地建设工作取得了一定成效，为推动高原特色农业高质量绿色发展贡献了力量。

一、强化管理赋能发展，健全机制巩固成效

基地建设规模为12万亩，分布于全公司的6个农业生产单位，为实现全面、系统、科学运作，公司认真分析经济运行和项目建设存在的困难和问题，进一步理清发展思路、突破发展瓶颈、拓宽发展眼界，统筹完善高效农业管理体制，实行公司、大队、中队三级管理模式，同时修改完善配套管理制度，不断规范企业内部组织管理制度和领导体制，相关部门各负其责，为基地建设提供全方位服务，全公司形成齐抓共建、协调推进的工作格局，健全绿色食品原料标准化生产基地的保障体系，为基地高质量发展夯实根基。

二、落实举措提质增效，明确目标推动发展

基地办公室通过下发文件、统一培训、经常性强调、常态化监督等方式规范农业

投入品的使用范围及管理、作物品种的选育及供应、农作物病虫害的防治,确保"统一优良品种、统一生产操作规程、统一投入品供应与使用、统一田间管理、统一收获"的"五统一"生产管理制度全面落实,基地良种覆盖率达100%,同时以"标准化、规范化、精细化"管理为举措,从根本上保证了只有符合绿色食品原料标准化生产标准的农业投入品才能进入生产领域,确保了绿色食品的质量安全。

三、加强培训提升素质,生态思想指导实践

基地办公室利用农闲期间常态化开展绿色农业知识培训,针对种植、田间管理、收获、销售等各个环节如何贯彻绿色食品标准进行了统一培训,覆盖率达100%。同时,加大对各单位绿色食品有关法规、标准、规范的宣传力度,各级管理人员及从业人员的专业素质普遍得到了提升。

四、科技助力基地振兴,绿色理念引领改革

基地地处祁连山南麓腹地,海拔2942～3180米,属高寒冷凉地区,病虫害较少。油菜病虫害防治主要集中在苗期处理,采用种子包衣等技术进行防治,油菜跳甲、菌核病等病虫害防治成效显著。同时,基地全范围内严格按照绿色食品原料生产基地管理制度开展生产,为突出示范、带头、引领作用,基地在部分大队的部分地块实施青稞与油菜轮作,并依托化肥农药"两减"项目,使用有机肥、海藻生物叶面肥以及阿维·苏云菌、绿僵菌等生物农药,技术支撑作用得到提升,为进一步提高基地农产品质量安全水平提供了有益借鉴和先进经验。

撰稿:青海浩门欣源农业有限公司　张美玲
供图:青海浩门欣源农业有限公司　胡志鹏

多措发力　助推全国绿色食品原料（马铃薯）标准化生产基地高质量迈进

西宁市湟中区人民政府

青海省西宁市湟中区委、区政府始终将马铃薯视作推动区域经济高质量发展的主导产业，以"种薯繁育、科技引领、人才支撑、品牌建设"为有力抓手，多措并举，全力助推全国绿色食品原料（马铃薯）标准化生产基地迈向高质量发展的新征程。

一、种薯繁育促转变

在种薯繁育领域，湟中区不仅着眼于规模的拓展，更对质量和品质予以高度重视。持续加大对种薯繁育技术的研发投入。通过"基地＋合作社＋农户"高效运作模式，精心构建并完善了"脱毒苗→原原种→原种→一级种"种薯繁育推广体系。每年能够成功扩繁试管苗50万株，生产原原种（微型薯）150万粒，建立马铃薯脱毒种薯生产基地2万亩以上，每年产出优质脱毒种薯6万吨，为当地农业发展奠定了坚实基础。

二、科技引领筑根基

为了深度提升马铃薯产业的科技含量，进一步带动农业生产效益的增长，筑牢产业发展的坚固根基，湟中区紧紧依托化肥农药减量增效、全膜覆盖栽培、绿色高产高效、粮油单产提升等重点项目，积极主动地开展新品种、新技术、新模式、新产品的引进试验以及示范推广工作。成功地将黑白相间双色地膜栽培、膜下滴灌水肥一体化、根基追肥、北斗导航、农业物联网系统等前沿技术和设备应用于马铃薯生产之中，实现了标准化种植和精细化管理，有力推动了马铃薯产业的提质增效，让科技成为农业发展的强大引擎。

三、人才支撑保增收

积极探索"专业技术人员＋乡镇＋经营主体＋农户"的创新服务途径，严格遵循以点带线、以线促面的原则，采用集中调度与定点服务有机结合的方式，精心委派专业技术人员深入广袤的田间地头，为马铃薯生产精准"把脉开方"。同时，紧密结合基层农技推广体系改革与补助、高素质农民培育工作和青海省"昆仑英才"人才项目，培育专业技术人员200余人，精心举办马铃薯特色产业技术培训专班20余期，接受培训农民累计达2350余人次。这些举措为产业发展注入了全新的活力，有效地辐射带动周边农户实现增收，为全区农业增效发挥了重要作用。

四、品牌建设壮主体

在品牌建设方面成果斐然，成功注册了"圣域"区域公用品牌，以及"云谷红""隆口""庄稼汉"等一系列企业商标。湟中区云谷川马铃薯基地入选第二批全国种植业"三品一标"基地名单，使得种植马铃薯的新型经营主体如雨后春笋般不断涌现并发展壮大。目前，全区多达250多家新型经营主体成为马铃薯生产的主力军，种植面积达6万亩左右。此外，还建成马铃薯贮藏窖618座，总贮藏量可达6.3万余吨。品牌知名度的提升有力带动了全区马铃薯向甘肃、宁夏、云南、贵州等省（区）外销，鲜薯年销售量约15万吨，年产值高达1.5亿元，促进了马铃薯产业的蓬勃发展，使其成为湟中区经济增长的重要驱动力。

撰稿：西宁市湟中区农业技术推广中心　胡建焜
供图：西宁市湟中区农业技术推广中心　关琪

调结构 转升级 提效益 全面推进绿色食品原料（燕麦）标准化生产基地稳步发展

海东市平安区人民政府

近年来，青海省海东市平安区紧紧围绕绿色发展理念，多措并举，积极落实一系列惠农富农政策，进一步促进了燕麦产业的发展。

一、加强组织领导，完善机制建设

围绕全面提升基地管理水平，认真贯彻落实上级有关文件要求，创新工作方式方法，确保基地实现最大效益。为积极打造平安区燕麦品牌，提高燕麦附加值，增加农民收入，成立了基地工作领导小组，全面负责安排部署、协调指挥、督查考核和技术服务工作，建立健全了基地建设推广服务、监督管理服务及公共服务体系建设。

二、强化技术指导，提高服务水平

基地积极开展优质种质资源引进与评价工作，与青海省畜牧兽医科学院、青海大学、青海农牧科技职业学院及国内各优势科研教学单位建立长期合作关系，先后成为国家产业技术体系、青海省饲草产业科技创新平台、兰州大学的试验示范基地，通过多方努力选育出多个饲草品种，现有省级认定的'高燕'系列、'青甜'系列燕麦，此外，'青饲麦'系列小黑麦等优良品种已成为当地饲草种植的主导品种；每年开展各类技术培训，不断提高燕麦种植技术水平。

三、推进草畜联动，发展循环农业

通过燕麦基地建设，建立了食品加工、以草养畜、种养结合、粪便资源化利用的"草—畜—肥—草"循环农牧业链条，年减少化肥使用量20%以上，避免因植被破坏而导致荒漠化，提高了植被覆盖率，防风固沙作用明显；实现了农作物秸秆循环利用和过腹转化增值，农作物秸秆得到充分利用，大大减少了秸秆焚烧带来的环境污染，促进了草原生态的良性发展。

四、完善联结机制，优化产业发展

通过产业联合体积极开拓产业融合新模式，通过产业链条延伸、产业融合、技术渗透、体制创新等方式，将资金、品种、技术等要素集约化配置，构建"企业+合作社+农户"产业发展模式，将资源要素进行跨界集约化配置，使燕麦生产、产品开发、产品加工和销售等有机地整合在一起，构建上下游相互衔接配套的产业链，实现多元素融合共享。通过产业新模式的构建，产业链得到延伸，产业范围得到扩展，联合体各新型经营主体发挥各自优势分工协作，拓宽了当地农民的增收渠道，实现了三产融合发展。

撰稿：海东市平安区畜牧兽医站　冯天琴
供图：海东市平安区畜牧兽医站　祁之陶

宁夏回族自治区

坚持"四薯"并进
推动马铃薯产业绿色高质量发展

西吉县人民政府

宁夏回族自治区固原市西吉县坚持"种薯繁育、淀粉加工、鲜薯外销、主食开发"的"四薯"并进的发展思路，坚持以龙头企业为引领，以布局区域化、种植标准化、发展产业化为路径，建设绿色食品原料（马铃薯）标准化生产基地、种薯繁育基地、马铃薯加工基地"三大基地"，马铃薯产业成为农民增收致富的主导产业。

一、做优基地，夯实产业基础

西吉县种植马铃薯60万亩左右，户均种植9亩。2022年，西吉县新营乡马铃薯基地被农业农村部认定为第二批全国种植业"三品一标"基地。强化马铃薯生产过程质量控制措施，严格落实马铃薯标准化生产基地"七大管理体系"，集成推广"选用优良品种＋脱毒种薯＋地膜覆盖种植＋病虫害绿色防控＋机收机播"绿色高质技术模式，着力打造15万亩绿色食品原料（马铃薯）标准化生产基地，鼓励企业积极开展绿色产品认定，西吉县守强薯业开发有限公司等11家企业的马铃薯鲜薯获得绿色食品认证，核准产量10万多吨。建立千亩马铃薯原原种繁育基地、万亩原种繁育基地、10万亩一级种繁育基地，每年繁育原原种8000万粒、原种1.5万吨、一级种16万吨。优先满足县内用种需求，辐射供应自治区内外市场。以葫芦河川道区为重点，打造马铃薯产业精深加工基地。

二、做强龙头，提升加工水平

全县有万吨以上淀粉加工厂 5 家，其中，国家级龙头企业 1 家、自治区级龙头企业 2 家，年加工马铃薯精淀粉 6 万吨，提取马铃薯蛋白 1000 吨，加工马铃薯"三粉" 3 万吨。生产的"银鸥""向丰""薯花"牌马铃薯淀粉精度、黏度及白度行业领先；用西吉马铃薯淀粉制成的"三粉"（粉条、粉丝、粉皮）条形均匀、色泽自然、耐煮耐泡、筋道光滑、质优味美；马铃薯粉丝复水迅速、久煮不糊、食用方便，是宾馆、酒店、居家及馈赠亲友的佳品；开发了马铃薯馓子、麻花等 30 多种主食产品，研发了马铃薯百种做法，开发了西吉"土豆宴"，延伸产业链条，满足主粮多样化需求。

三、做活市场，加快产品流通

构筑了鲜薯外销体系，拓宽马铃薯销售渠道，形成了以将台、新营、田坪 3 个马铃薯专业批发市场为中心，其余 16 个乡镇有集散地的销售格局。建设贮藏窖 9.7 万座，贮藏能力达到 73 万吨。支持企业（合作社）、产业协会等经营主体参加自治区内外农产品展销会、推介会等农产品推介展示活动，打通销售"脉络"，提高销售收入。全县有从事马铃薯生产经营的合作社 40 多家，销售代办点 100 多个，年销售鲜薯 60 万吨以上，主要销往全国 10 多个省（市），形成"产在当地、销往全国"的良好局面。

四、做靓品牌，增强品牌效应

"西吉马铃薯"国家地理标志产品，先后荣获中国驰名商标、宁夏著名商标、宁夏名牌产品、2017 年最受消费者喜爱的中国农产品区域公用品牌、2017 年首届宁夏农产品区域公用品牌、2018 年宁夏十大农产品区域公用品牌等荣誉，并于 2019 年入选全国名特优新农产品名录、中国农业品牌目录 2019 农产品区域公用品牌。

撰稿：西吉县马铃薯产业服务中心　丁虎银
供图：西吉县马铃薯产业服务中心　蒙蕊学

多管齐下　全力推进全国绿色食品原料（油用亚麻）标准化生产基地高质量发展

固原市原州区人民政府

宁夏回族自治区固原市原州区坚持以绿色食品标准引领农业发展，紧抓创建全国绿色食品原料标准化生产基地的重大机遇，聚焦建设目标，聚力高位推动，补短板、强弱项、创特色，已高标准建成绿色食品原料（油用亚麻）标准化生产基地4.95万亩，有效推动辖区农业产业化高质量发展。

一、建立机制长效推进，加强领导促发展

成立由原州区农业农村局、财政局、生态环境局等相关单位和11个基地乡镇主要负责人组成的全国绿色食品原料标准化生产基地建设领导小组，实行统一指挥、统一协调、统一部署，细化部门、基地责任清单，强化工作落实落细。组建质量监督组、技术指导组、综合管理组、环保协调组4个组20余人组成的油用亚麻标准化生产基地办公室，研究制定实施方案和考核办法，明确工作职责，量化考核指标，为创建工作顺利开展打下坚实基础。

二、完善制度标准生产，规范管理促提高

原州区制定了标准化生产基地生产管理制度、农业投入品管理制度、技术指导和推广制度、环境保护制度、监督管理制度等12项制度，发布创建区内允许使用的农业投入品名录，统一制作绿色食品准许使用农药清单和禁限用农药清单，积极引导农户

科学选用绿色食品生产投入品。原州区农业综合执法大队会同市场监督管理部门坚持"检打联动"，对投入品供销点、农资经营店等开展日常监管和春秋两季专项检查，持续加大农资市场监督管理力度，常态化开展农资打假，从源头规范基地投入品的销售和使用。严格落实"统一优良品种、统一生产技术操作规程、统一投入品供应和使用、统一田间管理、统一收获"的绿色食品"五统一"生产管理制度，实现了良种普及、平衡配方施肥和病虫害绿色防控，辐射带动10多万户农户掌握油用亚麻标准化生产技术，确保基地建设各项指标符合绿色食品要求。

三、科技引领技术支撑，科技赋能促提质

近年来，原州区开展"微肥配施对旱地胡麻出苗和种子产量的影响""水地胡麻密肥高产栽培技术模型""旱地胡麻种肥混配技术研究"等5项试验研究，充分发挥科技试验的带动作用，通过县、乡、村三级绿色食品生产技术服务体系，及时传授新技术、新模式，指导标准化生产基地紧盯关键农时，落实关键技术，解决技术难题，使农业生产实现了从传统"增产"到"提质增效"的转型。

四、生态优先绿色发展，延伸链条促增收

原州区海拔高，光照充足，土壤有机质含量高，无工业污染源，空气质量好，是理想的油用亚麻绿色食品原料生产基地。近年来，通过扩种油料作物以及与小麦等作物轮作倒茬，改良土壤提高地力，提高单位土地生产效率，提升作物产量品质，建立了标准化、绿色化、生态化高质高效生产模式，推进耕地质量提升和农业生态环境持续改善。原料生产基地与银川原源食用油有限公司、宁夏晶润生物食品科技有限公司、宁夏昊裕油脂有限公司等6家绿色食品企业签订油用亚麻订单4.65万亩，促进了绿色食品原料就地转化，延伸了油用亚麻绿色食品原料产业链条，助推基地高质量发展。

撰稿：固原市原州区农业农村局　窦帅
供图：固原市原州区农业农村局　苏海斌

中宁枸杞"红果满园"
绿色生产引领产业高质量发展

中宁县人民政府

宁夏回族自治区中卫市中宁县突出中宁枸杞道地产区优势，聚焦唱响"中国枸杞之乡"战略定位，实施基地稳杞、龙头保杞、科技兴杞、质量立杞、品牌强杞、文化活杞"六大工程"，全力构建产业标准、绿色防控、质量检验检测和产品溯源"四大体系"，积极打造集研发、种植、加工、营销、文化、生态为一体的现代枸杞全产业链，创建10.4万亩全国绿色食品原料标准化生产基地，"中宁枸杞"多次荣膺"最受消费者喜爱的中国农产品区域品牌"，中宁县先后荣获第一批国家良好农业规范（GAP）认证示范县、中国特色农产品优势区、全国经济林产业区域特色品牌建设试点单位、第二批国家农产品质量安全县、国家林业产业示范园等国家级荣誉，区域公用品牌价值达到200.53亿元，产业高质量发展跑出加速度。

一、加快推进全产业链标准化生产

全面推行标准化生产，创建自治区现代枸杞产业百亩、千亩绿色丰产示范基地19个，区级良种苗木繁育基地3个，通过食品危害分析与关键控制点（HACCP）认证、良好农业规范（GAP）认证等各类认证106个。倾力推动枸杞产业加工园区化、集群化发展，建成中宁县枸杞加工城、枸杞高新技术示范园区、新水农产品加工园区3个加工园区，枸杞加工企业发展到114家，培育出了"宁夏红""早康""玺赞"等自主知名品牌百余个、中国驰名商标3个、宁夏著名商标12个、宁夏枸杞知名品牌8个。

二、持续扩大品牌宣传和市场服务

推动"枸杞产业+文化+旅游"融合,成立中宁枸杞文化研究学会,打造了玺赞枸杞庄园、杞鑫种业等14个观光体验文旅基地,大力推进枸杞康养旅游、工业旅游、采摘观光3个示范带建设,玺赞枸杞庄园、华宝枸杞健康体验馆等"串珠成链",通过了国家3A级景区认证。精心打造中宁枸杞区域营销中心2家、一杞生活馆和官方旗舰店10家,建设销售专柜200余个。在阿联酋、马德里、巴西、中国澳门等国家与地区成功注册境外商标,产品远销欧美、东南亚50多个国家和地区,成为中国枸杞产业"风向标"。

三、不断增强技术支撑和能力保障

成立中宁枸杞创新研究院,建立专家人才库和科研项目库,深化新品研发、院(校、所)地企

合作,审定枸杞良种10个,获得自治区科技成果登记5项,推出科研新品20余种,拥有自主专利80多项,2023年培训高技能人才与技术骨干50人次、实用技术人才500人次。制定发布中宁枸杞、中宁枸杞原浆、枸杞芽菜等团体标准6个,完善枸杞及其制品"国家标准+地方标准+团体标准+企业标准"体系。严格落实"五步法"绿色防控技术,枸杞病虫害绿色防控覆盖面达100%。建立中宁枸杞质量追溯系统,指导企业申报使用"中宁枸杞"地理标志证明商标、质量追溯标识和枸杞原料"赋码"包装箱,实现中宁枸杞和其他产区枸杞分类管控。

撰稿:中宁县枸杞产业发展服务中心　刘俊
供图:中宁县枸杞产业发展服务中心

新疆维吾尔自治区

绿色食品原料标准化生产基地建设典范

政企联合促进品牌化　巩固全国绿色食品原料（小麦）标准化生产基地创建成果

昌吉市人民政府

新疆维吾尔自治区昌吉回族自治州昌吉市全国绿色食品原料（小麦）标准化生产基地，涉及8个乡镇，总面积10万亩。昌吉市人民政府牢固树立绿色发展理念，把绿色食品原料标准化生产基地建设作为保障国家粮食安全的重要抓手，联合辖区内优质小麦发展龙头企业，延伸小麦产业链，增加小麦的附加值，促进农民增收、农业增效。

一、促标准化，提升质量安全

近年来，昌吉市科学制定和发布绿色食品标准化技术规程，积极培育具有一定规模的农业生产基地，通过基地示范，以点带面不断带动农民群众积极参与绿色食品原料标准化生产，有力促进了农业标准化发展。通过对基地环境治理、土地整理，在生产全过程大力推广施行测土配方、增施有机肥、病虫害绿色防控等先进技术，注重保护基地农业生态环境，不断提高农产品质量和品质，为优质农产品注入强劲市场竞争力。

二、政企联合，不断提质增效

昌吉市农业农村局联合始终秉承"绿色、营养、健康"发展理念的新疆天山面粉（集团）有限责任公司和新疆仓麦园有限责任公司，做大做强本地小麦产业，提升小麦产业化经营水平。通过各种方式积极推广小麦品种不断改良，为企业的生产与加工提供良好的原料。为达到推进农业高质量发展的要求，企业紧密结合原粮流通工作实际，稳妥推进小麦收储制度市场化改革，促进原粮产业创新发展，积极发挥产业化龙头企业的作用。

三、品牌建设，力促绿色发展

新疆天山面粉（集团）有限责任公司作为国家重点农业产业化龙头企业，2011—2018年连续8年获得"中国小麦粉加工企业50强"称号，2020年荣获中国绿色食品发展中心"最美绿色食品企业30年"表彰，该公司取得绿色食品认证的产品已达30个。新疆仓麦园有限责任公司生产的特制一等粉、麦芯粉、全麦粉被中国绿色食品发展中心认定为绿色食品A级产品，获得新疆首家有机小麦种植基地和加工厂"双认证"，先后荣获国家级"国家绿色工厂""国家创新品牌""新疆农业名牌产品"等荣誉称号，被列为"全国中小学爱粮节粮教育社会实践基地"，是昌吉市应急面粉承储企业和军粮供应企业，被评为州级文明单位。

四、不忘初心，引领优质健康

辖区内龙头企业不忘初心，深耕优质绿色原料基地建设和绿色农产品加工两个领域，秉承绿色、健康、营养的产品理念，不断提高绿色优质原粮产品的供给水平，提高产品的美誉度，夯实各项工作，在面粉产业化发展道路上积极探索，实现发展共赢。昌吉市人民政府将一如既往地推动企业可持续发展，打造从田间到餐桌的绿色全产业链，使新疆天山面粉（集团）有限责任公司、新疆仓麦园有限责任公司等企业迅速成长为国内一流、西部领先、全国前十的粮食加工企业。

撰稿：昌吉市农畜产品质量安全检验检测中心　张照红
供图：昌吉市农畜产品质量安全检验检测中心　薛芳